中国地质大学(武汉)实验教学系列教材
中国地质大学(武汉)实验教材项目资助(SJC-201905)

水文地球化学附水分析实验教程

SHUIWEN DIQIU HUAXUE FU SHUIFENXI SHIYAN JIAOCHENG

严 冰 张亚男 徐佳丽 编著

中国地质大学出版社
ZHONGGUO DIZHI DAXUE CHUBANSHE

图书在版编目(CIP)数据

水文地球化学附水分析实验教程/严冰,张亚男,徐佳丽编著.—武汉:中国地质大学出版
社,2023.4

ISBN 978-7-5625-5560-5

Ⅰ.①水…　Ⅱ.①严…②张…③徐…　Ⅲ.①水文地球化学-高等学校-教材 ②水质分析-
实验-高等学校-教材　Ⅳ.①P592②O661.1－33

中国国家版本馆 CIP 数据核字(2023)第 063745 号

水文地球化学附水分析实验教程	严　冰　张亚男　徐佳丽　**编著**
责任编辑:彭　琳　武慧君	责任校对:徐蕾蕾
出版发行:中国地质大学出版社(武汉市洪山区鲁磨路 388 号)	邮编:430074
电　　话:(027)67883511　　　　传　　真:(027)67883580	E-mail:cbb@cug.edu.cn
经　　销:全国新华书店	http://cugp.cug.edu.cn
开本:787 毫米×1092 毫米　1/16	字数:269 千字　印张:10.75
版次:2023 年 4 月第 1 版	印次:2023 年 4 月第 1 次印刷
印刷:武汉市籍缘印刷厂	
ISBN 978-7-5625-5560-5	定价:39.00 元

如有印装质量问题请与印刷厂联系调换

前　言

《水文地球化学附水分析实验教程》是在 2013 年出版的《水分析实验教程》的基础上进行修订和完善的实验教材。

"水文地球化学附水分析"（后文简称"水化学分析"）是与我校"水文地球化学"专业骨干课程配套的实验课程，是环境工程、地下水科学与工程、水资源与环境工程、水文与水资源工程等专业必不可少的配套实践环节。尽管在过去的十几年教学实践中我们取得了较好的实践教学效果，也积累了较为丰富的实验教学经验，但随着水分析测试技术的不断发展和行业要求的不断提高，原有的实验内容已经无法满足老师的教学需求以及学生后续的科研和就业需求。为了培养学生用理论指导实践、在实践中应用理论的能力，强化对水质分析方法和原理的理解，掌握野外采样、水样分析及数据整理的基本操作方法与技能，有必要丰富和完善现有的实验教程，以此进一步培养学生的实践能力、科研创新能力和独立思考能力，帮助学生深入理解地下水形成、演化过程中的水文地球化学作用。

本书是在原有教材和实验教学经验的基础上，通过参阅、借鉴大量相关专业的教材、专著、文献及标准，经广泛征求意见，并结合专业特点编著而成，共由 6 章和附录组成。第一章主要介绍对地表水和地下水进行水化学分析的目的与意义、分类方法，以及常用的水质指标和水质标准；第二章着重介绍水分析实验涉及的基本知识，特别是实验操作中常出错的环节，比如常用试剂的使用与保存、常用仪器操作、实验用水选取、溶液配制规范，以及实验数据处理方法；第三章主要介绍水样的现场测试、采集及预处理与保存，特别是地下水样现场测试、采集与预处理的方法和注意事项；第四章和第五章分别介绍常见水化学指标的化学分析实验（11 项）和仪器分析方法（12 项）；第六章着重介绍 4 种课堂综合性实验的设计思路，旨在培养学生的综合实验应用能力。最后，附录列出了水化学实验中常用到的弱酸、弱碱解离常数，络合物的稳定常数，常用掩蔽剂，以及常用的饮用水和地下水标准及规范。各高校可根据教学的实际需要和实验条件灵活取舍。

本书第一章、第六章和附录由严冰执笔，第二章和第三章由徐佳丽执笔，第四章和第五章由张亚男执笔。在本书的撰写过程中，罗朝晖副教授、郭清海教授分别审阅了书稿，并提出了许多宝贵的意见，在此深表感谢。

　　本实验教材获得中国地质大学(武汉)实验技术研究项目实验教材项目(SJC - 201905)和国家自然科学基金青年基金项目(41807201)的资助。

　　由于本实验教材涉及面广,编者水平有限,书中难免存在疏漏和不足之处,恳请广大同仁、读者批评指正。

编著者
2022 年 11 月

目 录

第一章 绪 论

水是人类赖以生存和发展的重要物质资源之一,是生命的源泉。水资源被广泛用于农业灌溉、工业生产、城乡生活、发电、航运、水产养殖等领域,在人类生产和生活中占有特别重要的地位,可以说水资源是国民经济和社会发展的重要物质基础。然而随着社会发展,需水量大大增加,自然界中可利用的天然水资源却是有限的。在全球水资源中,97.5%的水资源是无法饮用的咸水,剩余的淡水中,87%以人类难以利用的两极冰川形式存在。因此全世界正面临着严峻的水资源短缺困境。以我国为例,缺水情况在全国范围内普遍存在,且呈不断加剧的趋势。全国约690个城市中,严重缺水的多达110个,这给我国水资源研究工作者带来了严峻的挑战。

与此同时,在水资源已经严重短缺的情况下,还出现了日益严重的饮用水环境污染问题。当原本清澈的水因人为活动而出现混入的杂质含量过高,浊度升高,带有异味时,水的利用价值就会受限,并可能对人体及环境造成有害影响。目前水资源普遍存在溶解性有机物增多、硬度偏高、氨氮浓度高、水体有异味、藻类大量繁殖等问题,全球约有17亿人喝不到干净的饮用水,我国约有50%的重点城镇水源水质不符合饮用水标准。因此,只有合理开发水资源,注重水资源保护,提高水质分析精度,创新并优化更多水处理方法,才能实现水资源利用的可持续发展。

第一节 水化学分析的目的与意义

为了保护水资源、防治水污染,加强水环境污染的分析工作至关重要。这将有助于查清水中污染物的种类、来源、形态、分布迁移及转化规律,为保护水资源、净化污染水源、控制水污染提供检测手段,并为制定水环境相关政策提供科学依据。

水化学分析是研究水中杂质及其变化的重要方法,在国民经济各个领域肩负着重要使命。水化学分析是研究水及水中杂质、污染物的组成、含量、性质及其分析方法的一门学科。

"水化学分析"这门课程的学习目标是使学生系统地掌握水质分析的基本方法(酸碱滴定法、络合滴定法、沉淀滴定法和氧化还原滴定法、吸收光谱法、色谱法和原子光谱法等),包括基本原理、基本概念和基本技能,将所学理论内容进行实地操练和运用,掌握水质分析的基本操作,强化对水质分析方法和原理的理解,掌握野外采样与水样分析的基本操作技能,以及结果分析的处理方法,注重培养学生严谨的科学态度与独立分析问题和解决实际问题的能力,为解决水环境问题,特别是地下水环境问题打下基础。

一、地表水分析的意义

地表水(surface water),是陆地表面上动态水和静态水的总称,亦称"陆地水",它包括各种液态的和固态的水体,主要有河流、湖泊、沼泽、冰川、冰盖等。它是人类生活用水的重要来源之一,也是各国水资源的主要组成部分。地表水由经年累月的自然降水累积而成,并且自然地流失到海洋或者是经由蒸发消逝,以及渗流至地下。

随着我国经济社会的不断发展,环境污染问题越来越突出,导致水资源,特别是地表水资源受到严重影响。然而,质量不合格的水不能饮用,也不能用于工业生产和农业生产,会影响产品质量。因此,为了满足人们对地表水资源的需求,有必要开展地表水水质分析与监测,培养学生掌握水化学分析及数据整理的基本方法,为合理开发水资源、地表水污染防控、水质净化与水处理提供数据支持。

二、地下水分析的意义

地下水(groundwater)是埋藏在地表以下的水。地下水与人类的关系十分密切,井水和泉水是我们日常使用最多的地下水。地下水具有给水量稳定、污染少的优点,因此,常常作为农业、工业、生活和景观用水的重要水源,同时地下水对协调自然环境也有着非常重要的作用。

地下水作为重要的饮用水水源和战略资源,在保障城乡居民生活、支撑经济社会发展和维持生态平衡等方面,具有十分重要的战略意义。地下水污染会危害饮水安全、粮食安全和居住安全,因此我国根据地下水质量状况和人体健康风险,参照生活饮用水、工业用水、农业用水等用水质量要求,依据各组分含量高低(pH 值除外),将地下水分为 5 类。"十四五"规划中明确要求到 2025 年,地下水国控点位 V 类水比例控制在 25% 左右,"双源"(地下水型饮用水水源和地下水污染源)点位水质总体保持稳定;完成建立地下水污染防治管理体系,加强污染源头预防、风险管控与修复,强化地下水型饮用水水源保护等 3 项基本任务。这就必须结合地下水的特点,强化相关水化学分析工作。

此外,基于区域水文地球化学条件分析地下水水化学特征,有助于厘清地下水系统中的水岩相互作用。这对于阐明地下水中污染物的来源、迁移转化路径,并深入理解地下水化学成分形成、演化过程中的水文地球化学作用,进而做好地下水污染与防治工作十分必要。

总的来说,地下水水质的分析检测关系到居民的生活和我国经济的可持续发展。加强地下水分析检测可以有效地评价一个地区的水资源状况,从而优化经济发展模式。不同地区需结合当地的区域条件定期检测地下水质量,并结合检测数据合理利用和开发地下水,这对环境保护和经济发展具有重要意义。

第二节　水分析方法分类

研究水中杂质、污染物质的组分及其含量等的水分析方法多种多样。在一般分析工作中,需要先作定性分析再作定量分析。除了定性分析和定量分析外,按分析时所依据水中的

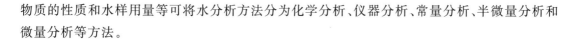

物质的性质和水样用量等可将水分析方法分为化学分析、仪器分析、常量分析、半微量分析和微量分析等方法。

一、化学分析和仪器分析

1. 化学分析方法

以化学反应为基础的分析方法称为化学分析方法,它是指使水中被分析物质与另一种已知成分、性质和含量的物质发生化学反应,从而产生具有特殊性质的新物质,由此确定水中被分析物质是否存在以及它的组成、性质和含量的方法。我们称含有被分析物质的水为试样或水样,加入的这种已知成分、性质和含量的物质为试剂。这一类方法主要有重量分析法和滴定分析法。

(1)重量分析法。将水中被分析组分与水中的其他组分分离后,转化为一定的可称量形式,然后用称重方法计算该组分在水样中的含量。按分离方法的不同,重量分析法又分为气化法、沉淀法、电解法和萃取法等。

气化法又称挥发法,是靠被分析组分本身的挥发性进行测定的方法,广泛用于挥发性固体的测定;沉淀法是指被分析组分以微溶化合物的形式沉淀出来,再将沉淀物过滤、洗涤、烘干或灼烧,最后称重,计算其含量,它是应用最为广泛的分析方法;电解法利用电解原理,使金属在电极上析出,然后称重,求得其含量;萃取法利用一种溶剂将水中被分析组分萃取出来,然后将有机溶剂蒸发干净后称重,求其含量。

重量分析法比较准确,适用于常量分析,其相对误差介于 $0.1\%\sim0.2\%$ 之间,无须昂贵的分析仪器,但操作步骤复杂、费时,不适用于微量组分的测定,主要用于水中悬浮物、总固体、挥发性固体、Ca^{2+}、Mg^{2+}、Ba^{2+}、SiO_2、硫酸盐等的测定。

(2)滴定分析法。滴定分析法又叫容量分析法,是将一已知准确浓度的试剂溶液和被分析物质的组分定量反应完全,根据反应完成时所消耗的试剂溶液的浓度和用量(体积),计算被分析物质的含量的方法。

通常将已知准确浓度的试剂溶液称为标准溶液或滴定剂。滴定未知组分时,利用滴定管计量标准溶液并将它滴入被分析溶液的过程称为滴定。将标准溶液与被测定物质定量反应完全时的那一点称为化学计量点。在滴定的过程中,指示剂正好发生颜色变化的突变点称为滴定终点。

滴定分析法根据反应原理的不同分为四大类:酸碱滴定法,利用质子传递反应进行滴定;沉淀滴定法,利用生成沉淀反应进行滴定;络合滴定法,利用络合反应对金属离子进行滴定;氧化还原滴定法,利用氧化还原反应进行滴定。

滴定分析法要求化学反应必须满足以下几点:①反应必须定量地完成,在化学计量点反应的完成程度一般应在 99.9% 以上;②反应必须有确定的化学计量关系,即反应按一定的反应方程式进行;③反应能迅速地完成,或可通过增加适当催化剂或加热来加快反应过程;④有较方便、可靠的方法确定滴定终点。

凡能完全满足上述要求的化学反应,都可用于直接滴定法。直接滴定法是滴定分析中最常用和最基本的滴定方式。有些反应满足不了上述要求,则不能采用直接滴定法,可采用返滴定法、置换滴定法和间接滴定法。

滴定分析法常用于水样中碱度、酸度、硬度、Mg^{2+}、Al^{3+}、Cl^-、硫化物、溶解氧、生物化学需氧量、高锰酸盐指数、化学需氧量等的测定。该分析方法的优点是简便、快速,有足够的准确度,相对误差在 0.2% 左右,主要用于常量组分测定,但对水样中微量组分测定有一定限制。

2. 仪器分析方法

仪器分析方法是利用水样中被分析成分的物理性质(如光、电、磁、热或声的性质)和物理化学性质,以成套的物理仪器为手段,对水样中被分析成分的化学成分和含量进行测定的方法。仪器分析方法主要包括光学分析法、电化学分析法、色谱分析法、光谱分析法、质谱分析法和放射化学分析法等。仪器分析方法是目前最为常用的微量和痕量分析方法,可以检测水中绝大多数的无机物和有机物。下面对光学分析法、电化学分析法和色谱分析法作简单介绍。

(1)光学分析法。利用被分析物质的光学性质来测定其组分含量的方法。它是根据被分析物质对电磁波的辐射、吸收、散射等性质建立的分析方法。目前常用的光学分析法主要有比色法、吸收光谱法(又称分光光度法)、原子发射光谱法、原子吸收光谱法、火焰光度法、荧光分析法、比浊分析法、流动注射分析法和酶联免疫吸附法等。这些方法主要用于水中色度、浊度的测定,也可用于 NH_4^+-N、NO_2^--N、NO_3^--N、余氯、酚、CN^-、硫化物、Pb^{2+}、Zn^{2+}、Cu^{2+}、Fe^{2+}、Fe^{3+}、Mn^{2+}、砷化物以及微囊藻毒素、黄腐酸、木质素等许多微量成分的分析测定。原子吸收光谱法和原子发射光谱法主要用于水中铅、锌、镉、锰、钴、镁、铜、镍等几十种金属元素的测定。

(2)电化学分析法。利用被分析物质的电学性质进行定量分析的方法。目前常用的电化学分析法主要分为电位分析法、电导分析法、库仑分析法和极谱分析法。其中又以电位分析法最为普遍,它包括直接电位法、电位滴定法、电导分析法和极谱分析法,可用于水的 pH 值、酸度和碱度的测定。

(3)色谱分析法。以吸附或分配为基础的分析方法。目前常用的色谱分析法包括气相色谱法、液相色谱法和离子色谱法等。其中气相色谱法不仅可用于测定空气中的各种有害物质的浓度,还能用于水中许多成分的分离和超微量物质的测定。如测定水中的有机卤代物、有机磷农药、苯系化合物、丙烯酰胺等。同时,气相色谱-质谱、液相色谱-质谱、气相色谱-核磁共振及其计算机等的分析技术也常常联合用于水中特定组分的测定。

二、常量分析、半微量分析和微量分析

水分析方法可根据分析时所需试样的量和组分在试样中的相对含量进行分类。根据试样的用量及操作规程,可分为常量分析、半微量分析、微量分析和超微量分析。按分析时所需试样的量分类与按分析时组分在试样中的相对含量分类详情分别参见表 1-1 和表 1-2。

另有水处理厂生产线上所进行的自动连续取样分析,称为在线分析。

表 1-1 按试样的量分类

分类类别	试样质量/mg	试液体积/mL
常量分析	<100~1000	<10~100
半微量分析	<10~100	<1~10
微量分析	0.1~10	0.01~1

表 1-2 按组分在试样中的相对含量分类

分类类别	组分相对含量/%
常量分析	>1
微量分析	0.01~1
痕量分析	<0.01

第三节 水质指标和水质标准

水质是水体质量的简称。它代表着水体的物理(如色度、浊度、臭和味等)、化学(无机物和有机物的含量)和生物(细菌、微生物、浮游生物、底栖生物)特性及其组成状况。

为评价水体质量的状况,国家制定了一系列水质指标与水质标准。这些水质指标与水质标准着重于保障人体健康和日常用水、保护鱼类和其他水生生物资源,同时规范工农业用水。

一、水质指标

水质指标是指水中杂质的种类和数量,是判断水污染程度的具体衡量尺度。水质指标项目繁多,主要可以分为物理水质指标、化学水质指标和水中微生物指标。

1. 物理水质指标

物理水质指标包括感官物理性状指标(水温、色度、臭和味、浊度等)和其他物理性状指标(固体物质,如总固体、溶解性固体、悬浮固体、电导率、氧化还原电位、紫外吸光度等)。

(1)水温。水温是现场观测的水质指标之一,用温度计现场测定。水的物理化学性质与水温有密切关系。水中溶解性气体(如 O_2、CO_2 等)的溶解度、水中生物和微生物活动、盐度、pH 值等都受水温变化的影响。当水温超过一定界限时会出现热污染,危及水生生物。

(2)色度。色度是反映水样光学性质的水质指标。水中含有污染物质时,水色随污染物质的不同而变化。水中呈色的杂质可处于悬浮、胶体或溶解状态,有颜色的水可以用真色和表色来描述。

真色:除去悬浮杂质后的水,由胶体及溶解杂质所造成的颜色称为真色。水质分析中一般对天然水和饮用水的真色进行定量测定,并以色度作为一项水质指标,色度是水样的光学性质的反映。一般对饮用水在颜色上加以限制,规定色度<15度。

表色:包括悬浮杂质在内的杂质在 3 种状态下所构成的水色。测定的是未经静置沉淀或离心的原始水样的颜色,只用定性文字描述。

(3)臭和味。纯净的水无味无臭,水体受污染后,水中溶解不同物质时,会产生不同的臭和味。臭是检验原水和处理水质前必测项目之一。其中,生活饮用水及其水源水的臭和味可用嗅气法和尝味法测定。检验水中臭和味可用文字描述法,臭强度可用无、微弱、弱、明显、强和很强 6 个等级描述。

(4)浊度。浊度也称浑浊度,指水的浑浊程度,表示水中含有悬浮及胶体状态的杂质引起水的浑浊程度,也表示水样中的悬浮物质对光线透过时的阻碍程度,是检测天然水和饮用水的一项重要水质指标,也是水样的光学性质。由于不同的悬浮物质在水中的含量、颗粒大小、形状、表面反射性能不同,浊度与以 mg/L 为单位表示的悬浮物浓度不存在规律性的定量关系。地表水常因含有泥沙、黏土、有机质、微生物、浮游生物以及无机物等悬浮物质而呈浑浊状态,如黄河、长江、海河等主要水体的水都比较浑浊;地下水通常比较清澈,浊度很低;生活污水和工业废水中含有各种有机物、无机物杂质,尤其悬浮状态污染物含量较大,因而一般只作悬浮固体测定而不作浊度测定。

用于测量浊度的标准溶液,采用福尔马肼(硫酸肼($NH_2NH_2 \cdot H_2SO_4$)与六次甲基四胺(($CH_2)_6N_4$)形成的白色高分子聚合物)标准混悬液,并规定 1.25mg 硫酸肼和 12.5mg 六次甲基四胺在每升水中形成的福尔马肼混悬液的浊度为 1NTU,称为散射浊度单位(nephelometric turbidity units,NTU)或福尔马肼浊度单位(formazin turbidity units,FTU)。水的浊度以福尔马肼为标准用散射比浊法(散射或浑浊度仪)或目视比浊法测定。

(5)固体物质。固体物质又称残渣(residue),分为总固体(总残渣)、溶解性总固体(总可滤残渣)和悬浮固体(总不可滤残渣)3 种。固体物质在许多方面对水质有不利影响。工业生产中水质固体物质含量高,产生的黏泥会堵塞和腐蚀管道,固体物质含量高的水一般不适于饮用,并可能偶尔引起饮用者不适的生理反应。固体物质的含量采用重量法测定,该方法适用于饮用水、地表水、盐水、生活污水和工业废水的测定。

水中固体物质还可根据挥发性能分为挥发性固体和固定性固体。挥发性固体又称挥发性残渣。该指标可粗略地代表水中有机物含量和铵盐及碳酸盐等的部分含量。固定性固体又称固定性残渣,由总固体与挥发性固体之差求得,可粗略代表水中无机盐类的含量。

饮用水、地表水、生活污水、工业废水残渣的测定公式为

$$c = \frac{A-B}{V} \times 1000$$

式中的各字母含义及对应测试条件如表 1-3 所示。

表 1-3 固体物质的测定条件

c/(mg/L)	A/mg	B/mg	V/mL	烘干温度/℃
总固体	原始水样水浴蒸干后残渣与蒸发皿一起烘干后的质量	称至恒重的蒸发皿的质量	水样体积	103～105
溶解性总固体	水样混合均匀后通过孔径为 $0.45\mu m$ 的标准纤维滤膜的滤液与蒸发皿一起烘干后的质量	称至恒重的蒸发皿的质量		103～105 或 108
悬浮固体	水样混合均匀后通过孔径为 $0.45\mu m$ 的标准纤维滤膜截留的物质与滤膜的质量	滤膜质量		103～105

（6）电导率（electrical conductivity，EC）。电导率又称比电导，表示水溶液传导电流的能力。纯水的电导率很小，但当水中溶解有各种盐类时水的电导率会增大，因此电导率可间接表示水中溶解性固体的相对含量。电导率通常用于表示蒸馏水、去离子水或高纯水的纯度，监测水质受污染情况以及用于锅炉水和纯水制备中的自动控制等。电导率的标准单位是西门子/米（S/m），多数水样的电导率很小，所以一般实际使用单位为毫西门子/米（mS/m）。电导率采用电导率仪测定。

（7）氧化还原电位（oxidation-reduction potential，ORP）。氧化还原电位是水体中多种氧化性物质与还原性物质进行氧化还原反应的综合指标之一，其单位用毫伏（mV）表示。氧化还原电位用毫伏计或 pH 计测量。指示电极用铂电极，参比电极用饱和甘汞电极或银-氯化银电极。具体测定方法见本书后文有关章节。ORP 是地下水测定的重要指标，可以直接反映地下水环境的氧化还原状态，其测定方法简单，响应速度较快，电极维护较方便。

（8）紫外吸光度。由于生活污水、工业废水，尤其石油废水的排放，天然水中含有许多有机污染物，这些污染物含有芳香烃和双键或羰基的共轭体系，在紫外光区都有强烈吸收。对特定水系来说，它所含物质组成一般变化不大，所以，将紫外吸光度作为新的评价水质有机物污染综合指标，具有普遍意义。有关这方面的详细方法见《紫外吸收光谱法及其应用》。

2. 化学水质指标

化学水质指标是表示水中杂质及污染物的化学成分和特性的综合性指标，包括一般的化学水质指标，如 pH 值、酸度和碱度、硬度、各种阳离子含量、各种阴离子含量、总含盐量、有机污染物综合指标等；有毒的化学性水质指标，如重金属、氰化物、多环芳烃、各种农药含量等；有关氧平衡的水质指标，如溶解氧、化学需氧量、生化需氧量、总需氧量等；放射性指标；等等。天然水体和一般清洁水体中最主要的离子成分有阳离子（Ca^{2+}、Mg^{2+}、K^+、Na^+）和阴离子（HCO_3^-、SO_4^{2-}、Cl^-、SiO_3^{2-}）8 种基本离子，以及含量虽少但起重要作用的 H^+、OH^-、CO_3^{2-}、NO_2^- 等，这些离子可以反映出水中离子组成的基本概况。而污染较严重的天然水、生活污水、工业废水可看作在此基础上又增加的其他杂质成分。

下面对其中一部分化学水质指标进行说明。

(1)pH 值。水的 pH 值是溶液中氢离子浓度或活度的负对数,pH=−lg[H$^+$]。pH 值表示水中酸、碱的强度,是常用的水质指标之一。当 pH=7 时,水体呈中性;当 pH<7 时,水体呈酸性;当 pH>7 时,水体则呈碱性。天然水体的 pH 值一般在 7.0~8.5 之间。酸性、碱性废水破坏水体的自然缓冲作用,妨碍水体的自净,不利于人类活动和水生生物繁殖,长期使用碱性强的灌溉水会使农作物死亡。在水的化学混凝、消毒、软化、除盐、稳定水质、腐蚀控制及生物化学处理、污泥脱水等过程中,pH 值是一项重要的监测指标,在地下水水岩相互作用中对水中有毒物质的毒性和一些重金属络合物结构等都有重要影响。世界卫生组织规定的饮用水标准中 pH 值的极限范围是 6.5~9.2,中国规定饮用水的 pH 值应在 6.5~8.5 之间,极限范围为 6.0~9.0,农田灌溉用水 pH 值标准为 5.5~8.5。可用比色法或电位法直接测定 pH 值。

(2)酸度和碱度。水的酸度是水中给出质子物质的总量,水的碱度是水中接受质子物质的总量,两者都是对水的一种综合特性的度量,只有当水样中的化学成分已知时,它才被解释为具体的物质。酸度和碱度均采用酸碱指示剂滴定法或电位滴定法测定。

酸包括强无机酸(如硝酸、盐酸、硫酸等)、弱酸(如碳酸、醋酸、单宁酸等)和强酸弱碱型水解盐(如硫酸亚铁和硫酸铝等)。酸具有腐蚀性,并影响化学反应的速度、化学物品的形态、生物过程等,因此在排放之前,必须对含有强酸的工业废水进行中和处理。酸度的测定可反映水源水质的变化情况。测定的酸度数值大小与所用指示剂和滴定终点的 pH 值有关,酸度单位为 mg/L(以 CaCO$_3$ 计)。

碱度包括水中的重碳酸盐碱度、碳酸盐碱度和氢氧化物碱度,水中上述 3 种盐类阴离子的总量称为总碱度。形成碱度的这些离子一般不会造成危害,但碱度同水中许多化学反应过程有密切关系,所以被列为水质指标之一。碱度的单位也为 mg/L(以 CaCO$_3$ 计)。

(3)硬度。水的硬度指溶解于水中的 Ca^{2+}、Mg^{2+} 的总量,包括总硬度、碳酸盐硬度和非碳酸盐硬度。由 $Ca(HCO_3)_2$、$Mg(HCO_3)_2$ 和 $MgCO_3$ 形成的硬度为碳酸盐硬度,又称暂时硬度,因为这些盐类在水被煮沸时即分解析出沉淀。由 $CaSO_4$、$MgSO_4$、$CaCl_2$、$MgCl_2$、$CaSiO_3$、$Ca(NO_3)_2$ 和 $Mg(NO_3)_2$ 等形成的硬度称为非碳酸盐硬度,又称永久硬度,因为水在常压下沸腾,体积不变时,它们不生成沉淀。硬度单位常用 mg/L(以 CaCO$_3$ 计)表示,因为 1mol CaCO$_3$ 的质量为 100.1g,所以 1mmol/L=100.1mg/L(以 CaCO$_3$ 计)。例如,我国规定饮用水的总硬度不超过 450mg/L(以 CaCO$_3$ 计)。

一般认为水的硬度略高对人体健康并无太大影响,人们对水的硬度有一定的适应性,但硬度过高的水对人们的日常生活是有影响的。例如用硬水泡茶可使茶变味;用硬水洗澡可使身体不适,对皮肤干燥的人有刺激作用;用硬水洗涤衣物会增加肥皂的用量等。

(4)总含盐量。水的总含盐量又称全盐量,也称矿化度,表示水中各种盐类的总量,也就是水中全部阳离子和阴离子的总量。总含盐量对农业用水尤其灌溉用水影响较大,总含盐量过高会导致土壤的盐碱化。

(5)有机污染物综合指标。水中有机物成分极其复杂,很难进行定性分析和定量分析,常用替代参数来表示。有机污染物综合指标主要有溶解氧、高锰酸盐指数、化学需氧量、五日生物化学需氧量、总有机碳、总需氧量和活性炭氯仿萃取物等。这些综合指标可作为衡量水中有机物总量的水质指标，在水处理、水质分析中得到广泛应用。

(a)溶解氧(dissolved oxygen，DO)是指溶解于水中的氧，单位为 mg/L(以 O_2 计)或以溶解氧的百分含量表示。清洁的地表水中溶解氧一般接近饱和，淡水中若含有藻类植物，在光合作用下，水中溶解氧含量增加。溶解氧含量多，适于微生物生长，水体自净能力强。因此，溶解氧含量的大小是反映自然水体是否受到有机物污染的重要指标之一，保持水中溶解氧含量是保护水体感官质量、保护鱼类和其他水生物的重要项目。所以溶解氧对了解水体的自净作用、控制水污染和水处理工艺有重要作用，是一项重要的水质指标。

(b)高锰酸盐指数(permanganate index，PI)指在一定条件下以 $KMnO_4$ 作为氧化剂处理水样时所消耗的氧的量，单位为 mg/L(以 O_2 计)。水中的还原性无机物如亚硝酸盐、亚铁盐、硫化物等以及可被氧化的有机物均可消耗高锰酸钾。因此，高锰酸盐指数是表示水体中还原性有机物(含无机物)污染程度的一项综合指标。

(c)化学需氧量(chemical oxygen demand，COD)指在一定的条件下水中能被 $K_2Cr_2O_7$ 氧化的有机物质的总量，简称耗氧量，单位为 mg/L(以 O_2 计)。化学需氧量可以近似地反映水中有机物的总量，但废水中还原物质也会消耗强氧化剂，使 COD 值增高。化学需氧量的测定需时较短，所以该方法得到了广泛的应用。

(d)生物化学需氧量(biochemical oxygen demand，BOD_5，以下简称生化需氧量)是在规定的条件下微生物分解水中有机物所进行的生化过程中消耗的溶解氧的量，简称生化需氧量，单位为 mg/L(以 O_2 计)。由于有机物的生物氧化速度非常缓慢，规定用 5 天作为测定 BOD 的标准时间，20℃为标准温度。生化需氧量的测定条件与有机物进入天然水体后被微生物氧化分解的情况较相似，因此能够较准确地反映有机物对水质的影响。

(e)总有机碳(total organic carbon，TOC)表示水中有机物总的含碳量，单位为 mg/L。总有机碳标志着水中有机物的含量，反映了水中总有机物污染程度。

(f)总需氧量(total oxygen demand，TOD)指水中的有机物和还原性无机物在高温条件下燃烧生成稳定的氧化物时所需要的氧量，单位为 mg/L(以 O_2 计)。

在地表水和地下水水质分析中一般采用化学需氧量和生化需氧量这两个综合性的间接指标来衡量水中有机污染物的含量。

(6)放射性指标。水中放射性物质主要来源于天然和人工核素两个方面。这些物质不时地产生 α、β、γ 放射线。随着放射性物质在核科学、工业、农业、医学等方面的广泛使用，它们给环境带来了相应的放射性污染。放射性物质除引起外照射(如 γ 射线)外，还会通过饮水、呼吸和皮肤接触进入人体内，引起内照射(如 α 和 β 射线)，导致放射性损伤、病变甚至死亡。因此，必须注意防护，并引起高度警戒。我国规定饮用水 α 放射线强度不得大于 0.5 贝克勒尔/升(0.5Bq/L)，β 放射线强度不得大于 1Bq/L。

一般采用低本底 α、β 测量仪测定水中 α 和 β 放射线强度。

3.水中微生物指标

水中微生物指标主要有细菌总数、总大肠菌群、游离性余氯和二氧化氯（ClO_2）。

（1）细菌总数。细胞总数是指 1mL 水样在营养琼脂培养基中，于 37℃培养 24h 后，所生长细菌菌落的总数。水中细菌总数用来判断饮用水、水源水、地表水等的污染程度。我国规定饮用水中细菌总数≤100CFU/mL。

（2）总大肠菌群。饮用水中的细菌和病毒受条件限制不是随时都能检测出来的，因此为保证人体健康和预防疾病，便于随时判断致病的可能性和水受污染的程度，可将细菌总数和大肠菌群作为指标，确定水体受生活污水及粪便污染的程度。大肠菌群可采用多管发酵法、滤膜法和延迟培养法测定。我国规定饮用水中不得检出总大肠菌群。

（3）游离性余氯。饮用水氯消毒之后剩余的游离性有效氯为游离性余氯。可采用碘量法、N,N-二乙基对苯二胺-硫酸亚铁铵滴定法和 N,N-二乙基对苯二胺光度法测定。我国规定：出厂水中游离性余氯限值为 4mg/L，集中式给水出厂水游离性余氯浓度不低于 0.3mg/L，管网末梢水浓度不应低于 0.05mg/L。

（4）二氧化氯。水中二氧化氯可采用连续碘量法和吸收光谱法测定，ClO_2 在出厂水中的限值为 0.8mg/L，集中式给水出厂水中二氧化氯余量不应低于 0.1mg/L，管网末梢水浓度不应低于 0.02mg/L。

二、水质标准

水质标准即水质的质量标准，是针对生活饮用水、工农业用水及各种受污染水中存在的具体杂质或污染物规定了相应的最高数量或浓度，可分为水环境质量标准、用水水质标准和污染物排放标准三大类，包括生活饮用水、地下水、工业用水和渔业用水等的水质标准。这些水质标准是为了保障人体健康的最基本的卫生条件和按各种用水及其水源的要求而提出的。

1.水环境质量标准

水环境质量标准是为保障人体健康，保证水资源有效利用而规定的各种污染物在天然水体中的允许含量。目前我国现行的水环境质量标准主要包括《海水水质标准》（GB 3097—1997）、《地表水环境质量标准》（GB 3838—2002）和《地下水质量标准》（GB/T 14848—2017）。

其中地表水与人类的日常生活息息相关。《地表水环境质量标准》（GB 3838—2002）依据地表水水域环境功能和保护目标，按功能高低将水域依次划分为 5 类，不同功能类别分别执行相应类别的标准。

Ⅰ类主要适用于源头水、国家自然保护区。

Ⅱ类主要适用于集中式生活饮用水地表水源地一级保护区、珍稀水生生物栖息地、鱼虾类产卵场、仔稚幼鱼的索饵场等。

Ⅲ类主要适用于集中式生活饮用水地表水源地二级保护区、鱼虾类越冬场、洄游通道、水产养殖区等渔业水域及游泳区。

Ⅳ类主要适用于一般工业用水区及人体非直接接触的娱乐用水区。

Ⅴ类主要适用于农业用水区及一般景观要求水域。

2. 用水水质标准

用水水质标准包括的指标很多,不同行业对水质要求差异很大,所要求的水质标准需要分别制定。我国已制定的用水水质标准有《生活饮用水卫生标准》(GB 5749—2022)、《农田灌溉水质标准》(GB 5084—2021)、《渔业水质标准》(GB 11607—1989)等。

其中饮用水的安全性对人体健康至关重要,因此世界很多国家均设有不同的饮用水水质标准。目前最具权威性的是由世界卫生组织(WHO)规定的饮用水标准。而生活饮用水水质的要求涉及饮用水的物理、化学和生物学性质。

(1)饮用水的物理性质标准。除饮用水感官性状无不良刺激或不愉快的感觉,如水中色度、浊度、臭和味等符合标准外,标准还规定对水中氯消毒形成的氯代酚引起的强烈臭味的挥发酚类化合物浓度<0.002mg/L;使水产生金属涩味、浑浊,并使衣服、瓷器产生铜绿的锌与铜浓度均不超过 1.0mg/L 等。

(2)饮用水的化学性质标准。饮用水所含有害或有毒物质的浓度对人体健康不产生毒害和不良影响。

(a)毒理学上安全。即对饮用水中有剧毒或毒性很大的氰化物、砷化物(如砒霜)和重金属(如镉、汞和铅等)的浓度都做了规定。例如,氰化物和铬的浓度均要求小于0.05mg/L,砷(Ⅲ)和铅的浓度均要求小于 0.01mg/L 等。

(b)生理上有益无害。饮用水中氟化物含量过高可能引起斑釉齿病、氟骨症,但适量的氟又能提高牙齿的抗酸力,防止龋齿病;碘含量过低会引起甲状腺肿大,但适量的碘不仅可以防治一些疾病,还有利于人的智力开发等。故饮用水标准中规定 F^- 的浓度不得高于 1.0mg/L。

(c)使用有利无弊。如生活饮用水硬度的变化易引起胃肠功能暂时性紊乱,过高还会在洗衣时浪费肥皂,更会使配水系统形成水垢;含铁过高不仅使水有异味,还会使衣服、器皿生成黄褐色锈斑等。因此对饮用水的硬度、铁含量都作了规定。

(3)饮用水的生物学性质标准。生活饮用水中不应含有各种病原细菌、病毒和寄生虫卵。

3. 污染物排放标准

为达到水环境质量标准,保护天然水体免受污染,对污染源排放的污染物质或排放浓度提出的控制标准即为染物排放标准。国家环境保护总局(现改为中华人民共和国生态环境部)制定了《污水综合排放标准》(GB 8978—1996)。一些地方和行业还根据本地的技术、经济、自然条件或本行业的生产工艺特点制定了专用的排放标准。如《农村生活污水排放标准》(DB 13/2171—2020)、《钢铁工业水污染物排放标准》(GB 13456—1992)等。

有关饮用水水质标准和地下水质量标准详见附录四和附录五。

第二章 水分析实验基本知识

第一节 常用试剂的规格、使用与保存

一、化学试剂的分类

化学试剂(chemical reagent)是进行化学研究、成分分析的相对标准物质,是在化学实验、化学分析、化学研究及其他试验中使用的各种纯度等级的化合物或单质。

化学试剂的分类:①按类别分为无机试剂和有机试剂;②按状态分为固体试剂和液体试剂;③按性能分为危险试剂和非危险试剂。

化学试剂产品有成千上万种,是进行化学研究、成分分析的相对标准物质,是科技进步的重要条件,被广泛用于物质的合成、分离、定性和定量分析,可以说是化学工作者的眼睛,在工厂、学校、医院和研究所的日常工作中均离不开化学试剂。通常将化学试剂分为无机化学试剂、有机化学试剂和生化试剂三大类。但是各类化学试剂同时因为纯度、杂质含量、用途等的不同,而存在多个级别。

国产化学试剂一般按杂质含量的多少分为 4 个级别。

(1)LR 试剂(laboratory reagent):实验级试剂,为四级试剂,简写为 LR。适用于普通的化学实验。

(2)CP 试剂(chemical pure):化学纯试剂,为三级试剂,简写为 CP,一般瓶上用深蓝色标签。适用于工业分析和化学实验。

(3)AR 试剂(analytial reagent):分析纯试剂,为二级试剂,简写为 AR,一般瓶上用红色标签。适用于一般分析和科研。除另有说明外,本书内所使用的试剂纯度为分析纯。

(4)GR 试剂(guaranteed reagent):优级纯试剂,又称保证试剂,为一级试剂,简写为 GR,一般瓶上用绿色标签。适用于精确的分析和科研,可作为基准物质。

化学试剂除了上述常用的 4 个级别外,目前市场上尚有:①基准试剂(primary reagent),简写为 PT,可直接用于配制标准溶液,专门作为基准物用。②光谱纯试剂(spectrum pure),表示光谱纯净,简写为 SP。因为有机物在光谱上显示不出,所以有时主成分含量达不到 99.9% 以上,使用时必须注意,特别是作基准物质时,必须进行标定。

二、化学试剂使用的注意事项

(1)对于剧毒性试剂,应当指定专人保管,并严格遵守使用制度。应将此类试剂摆放在专

柜中并加锁,并与普通试剂分开存放。

(2)对于挥发性有机试剂,应存放在通风良好的仓库、冰箱或者铁柜内。强酸与氨水应分开存放。

(3)在倒用硝酸、溴水和氯氟酸等试剂时必须戴上橡皮手套,启开乙醚和氨水等易挥发的试剂时,绝不可使瓶口对准自己和他人的脸部,尤其是夏季,启开时易有大量气体冲出,如不小心,会引起严重伤害事故。

(4)应将一些有毒的气体和蒸气,如氯化物、溴、氯、硫化氢、汞、磷和砷等,放在通风橱内进行操作处理,此类气体和蒸气能引起危害健康的严重事故。

(5)对于酸、碱和有害的溶液,使用移液管转移时绝不可直接用口吸取,且必须用洗耳球吸取。

(6)在稀释硫酸时必须小心缓慢地将硫酸倒入水中,而不能将水直接加到硫酸内。

(7)对于容易挥发的试剂应用磨口玻璃瓶密封保存,不能用木塞或橡皮塞,也可用塑料内盖外加瓶盖密封。

(8)盛氢氧化钠的试剂瓶不能用玻璃塞,而应用木塞或橡皮塞,以免玻璃塞打不开。

(9)不稳定试剂在长期储存后可能发生聚合、分解或沉淀等变化。对这类试剂应少量分次采购储存。使用前除检查其外观外,还应注意其出厂日期,如有变质可能,应经检验确定合格后使用。

三、化学试剂的保存

(1)密封。多数试剂都要密封保存,突出的有以下 3 类:①易挥发的试剂,如浓盐酸、浓硝酸、浓溴水等;②易与水蒸气、二氧化碳作用的试剂,如无水氯化钙、苛性钠、水玻璃等;③易被氧化的试剂(或还原性试剂),如亚硫酸钠、氢硫酸、硫酸亚铁等。

(2)避光。对于见光或受热易分解的试剂,要避免光照,置阴凉处,如硝酸、硝酸银等,一般应盛放在棕色试剂瓶中。

(3)防蚀。对有腐蚀作用的试剂,要注意防蚀,如氢氟酸不能放在玻璃瓶中,强氧化剂、有机溶剂不可用带橡胶塞的试剂瓶存放,碱性溶液、水玻璃等不能用带玻璃塞的试剂瓶存放。

(4)抑制。对于易水解、易被氧化的试剂,要加一些物质抑制其水解或被氧化。如在氯化铁溶液中常滴入少量盐酸,在硫酸亚铁溶液中常加入少量铁屑。

(5)隔离。如易燃有机物要远离火源,强氧化剂(过氧化物或有强氧化性的含氧酸及其盐)要与易被氧化的物质(炭粉、硫化物等)隔开存放。

(6)通风。多数试剂的存放要遵循这一原则。特别是易燃有机物、强氧化剂等。

(7)低温。对于室温下易发生反应的试剂,要采取措施低温保存,如苯乙烯和丙烯酸甲酯等不饱和有机物及其衍生物在室温时易发生聚合,过氧化氢易发生分解,因此这类试剂要在10℃以下的环境保存。

(8)特殊措施。特殊试剂要采取特殊措施保存,如钾、钠要放在煤油中,白磷放在水中,液溴极易挥发,要在其上面覆盖一层水等。

第二节　水分析常用实验仪器及使用方法

一、玻璃仪器的洗涤与干燥

在化学实验中,盛放反应物质的玻璃仪器经过化学反应后,往往有残留物附着在仪器的内壁,一些经过高温加热或放置反应物质时间较久的玻璃仪器,还不易洗净。使用不干净的玻璃仪器,会影响实验结果,甚至让实验者观察到错误现象,归纳、推理出错误结论。

1. 洁净剂的选择

(1)肥皂、肥皂液、洗衣粉、去污粉可用于清洗用刷子直接刷洗的玻璃仪器,如烧杯、三角瓶、试剂瓶等。

(2)洗液洗涤仪器的清洗原理:利用洗液本身与污物起化学反应,将污物去除。洗液多用于不便用刷子洗刷的玻璃仪器,如滴定管、移液管、容量瓶、蒸馏器等特殊形状的仪器,也用于洗涤长久不用的杯器皿和去除刷不掉结垢。

(3)有机溶剂适用于附着物为不易溶于酸或碱,但易溶于某些有机溶剂的物质,利用相似相溶的原理可除去附着物。如甲苯、二甲苯、汽油等可以洗油垢。

2. 玻璃仪器的洗涤方法

(1)毛刷洗。润湿→选择合适的毛刷→反复刷洗→冲洗。

(2)去污粉洗。湿润→加少许去污粉→反复刷洗→冲洗。

(3)对于一些构造比较精细、复杂的玻璃仪器,无法用毛刷刷洗,如容量瓶、移液管等,可以用洗液浸洗。

3. 玻璃仪器的干燥方法

(1)晾干,即自然干燥。对于不急用的玻璃仪器,一般要求保持干燥,可用纯水刷洗后,在无尘处倒置晾干水分,等待自然干燥。

(2)烘干。即将玻璃仪器口朝下(或平放),用电热干燥箱烘干。具体操作步骤为:将洗净的玻璃仪器控去水分,放在干燥箱中烘干,干燥箱温度为105～120℃,烘干时长在1h左右,也可在红外线干燥箱中烘干。

(3)烤干。直接用明火加热。如烤试管时先将试管口向下倾斜,再将管口向上,用电吹风吹干。对急于干燥的仪器或不适合放入干燥箱较大的仪器可用吹干的办法,通常用少量的乙醇倒入已控去水分的仪器中摇洗控净溶剂,然后用电吹风吹。

(4)有机溶剂干燥。精密仪器不能加热,可利用有机溶剂易挥发的特点加速仪器的干燥。

4. 注意事项

(1)切不可盲目地将各种试剂混合作洗涤剂使用,也不可随意使用各种试剂来洗涤玻璃仪器。这样不仅浪费试剂,而且容易引发危险。

（2）根据不同的玻璃仪器选择不同的洗涤剂,洗涤剂的用量要适当,用毛刷洗试管,在转动或上下移动试管刷时,须用力适当,避免损坏仪器及划伤皮肤。

（3）应选择与玻璃仪器管口匹配且带有顶毛的毛刷。刷洗时,不能太用力,以免戳破仪器底部。

（4）洗涤干净的玻璃仪器应放入指定位置,试管要倒立。

（5）洗涤结束后应当倒置玻璃仪器,器壁形成一层均匀的水膜,无成滴水珠,也不成股流下时,即表明已洗净。

二、常用实验仪器及使用方法

1. 滴定管

滴定管分为酸式滴定管和碱式滴定管,两者均是滴定分析中常用的滴定仪器。除了强碱溶液外,其他溶液作为滴定液时一般均采用酸式滴定管(图 2-1);碱式滴定管只能用于碱性溶液;现在常使用酸碱两用滴定管进行滴定,其活塞材质为聚四氟乙烯。

1）使用方法

（1）酸式滴定管。

（a）检查是否漏液。使用前,应检查活塞与活塞套是否配合紧密,如不紧密将会出现漏水现象,则不宜使用。然后,应进行充分的清洗。为了使活塞转动灵活并避免出现漏水现象,需将活塞涂油(如涂凡士林油脂或真空活塞脂)。用自来水充满滴定管,将滴定管放在滴定管架上垂直静置约 2min,观察有无水滴漏下。最后将活塞旋转 180°,再如前检查,如果漏水,应重新涂油。若出口管尖被油脂堵塞,可将管尖插入热水中温热片刻,然后打开活塞,使管内的水迅速流下,将软化的油脂冲出。油脂排出后,即可关闭活塞。

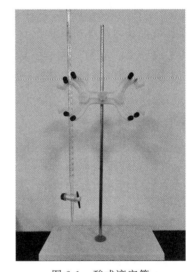

图 2-1 酸式滴定管

（b）润洗滴定管。将试剂瓶中的操作溶液摇匀,混匀后将溶液直接从滴定管上部倒入滴定管中,将滴定管润洗 3 次(第一次倒入 10mL 试剂,大部分可由上口放出,少部分从出口放出。第二、三次倒入各 5mL 试剂,直接从出口放出)。应特别注意的是,一定要使操作溶液洗遍全部内壁,并使溶液接触管壁 1～2min,以便与原来残留的溶液混合均匀后倒出。每次都要打开活塞冲洗出口管,并尽量放出残留液。

（c）装液排气。将操作溶液倒入滴定管至 0 刻度线以上为止,溶液装入后擦干净滴定管外壁,进行排气操作。右手握住滴定管上部无刻度处,并使滴定管倾斜约 30°,左手迅速打开活塞使溶液冲出,保证出口管中不再留有气泡(下面用烧杯盛接溶液,或将溶液放于水池中)。若气泡未能排出,需重复上述排气操作或重洗滴定管。确定出口管无气泡后,右手握住滴定管上部无刻度处并使滴定管呈自然垂直状,继续把溶液放至凹液面与滴定管 0 刻度线齐平,此时装液步骤才算完成。

(d)滴定操作。在锥形瓶中滴定时,用右手前三指握住锥形瓶瓶颈,使瓶底离瓷板 2~3cm。同时调节滴定管的高度,使滴定管的下端伸入瓶口约 1cm 深。左手大拇指、中指及食指捏住活塞头慢慢旋转活塞,滴加溶液,右手运用腕力摇动锥形瓶,边滴加溶液边摇动。摇动时,应使溶液向同一方向做圆周运动,但勿使瓶口接触滴定管,溶液也不得溅出,同时观察落点周围溶液颜色的变化。滴定时,左手不能离开活塞任溶液自流。应边摇边滴,滴定速度可稍快,但不能流成"水线"。接近滴定终点时,应改为加一滴溶液,摇几下。最后,每加半滴溶液就摇动锥形瓶,直至溶液出现明显的颜色变化。

(e)读数。装满或放出溶液后,必须等 1~2min,使附着在内壁的溶液流下来,再进行读数。如果放出溶液的速度较慢(如滴定到最后阶段,每次只加半滴溶液时),等 0.5~1min 即可读数。每次读数时滴定管要垂直放置,读数前要检查管壁是否挂液珠,管尖是否有气泡。必须读到小数点后第二位,即要求估计到 0.01mL。注意,估计读数时,应该考虑刻度线本身的宽度。每次滴定操作所用液体体积为滴定终点时读数减去滴定开始时读数计算所得的体积。

(2)碱式滴定管。左手握管,拇指在前,食指在后,其他 3 个手指辅助夹住出口管,用拇指和食指捏住玻璃珠所在的部位,向右挤橡皮管,使玻璃珠移至手心一侧,这样溶液即可从玻璃珠旁边的空隙流出。但是注意不要用力捏玻璃珠,也不要使玻璃珠上下移动,不要捏玻璃珠下面的橡皮管,以免空气进入而形成气泡,影响读数。操作过程中要边滴定边摇动锥形瓶,读数时视线应该与液面的凹液面最低处相切(与酸式滴定管读数方法相同)。

2)注意事项

(1)使用时先检查是否漏液。

(2)用滴定管取液前必须洗涤、润洗。

(3)读数前要将管内的气泡赶尽,使尖嘴内充满液体。

(4)须有两次读数,为减小误差,在第一次读数时尽量调整液面在 0 刻度线处。

(5)读数时,视线、刻度线、凹液面最低点应在同一水平线上。

(6)禁止用碱式滴定管装酸性或强氧化性溶液,以免腐蚀橡皮管。

(7)滴定结束后,丢弃滴定管内剩余的溶液,不得将溶液倒回原瓶,以免污染整瓶操作溶液。

(8)也可采用酸碱两用滴定管(其活塞材质为聚四氟乙烯),具体使用方法同酸式滴定管的使用方法。

2.移液管

移液管是准确移取一定量溶液的量器(图 2-2)。它是一根细长且中间膨大的玻璃管,在管的上端有一环形标线,膨大部分的壁上标有它的容积和标定时的温度。常用的移液管有 10mL、25mL、50mL、100mL 等规格。

图 2-2 移液管

1)使用方法

(1)根据所移溶液的体积和要求选择合适规格的移液管,在滴定分析中一般使用移液管准确移取溶液,需控制试液加入量时一般使用吸量管。

(2)检查移液管的管口和尖嘴有无破损,若有破损则不能使用。

(3)清洗:先用自来水淋洗移液管,再用铬酸洗涤液浸泡,最后用自来水淋洗干净。铬酸浸泡操作方法为右手握住移液管上端合适位置,左手拿洗耳球将洗涤液慢慢吸入管内,直至刻度线以上,移开洗耳球,迅速用右手食指堵住移液管上口,等待片刻后,将洗涤液放回原瓶。

(4)润洗:摇匀待吸溶液,倒一小部分待吸溶液于已洗净并干燥的小烧杯中,用滤纸将清洗过的移液管尖端内外的水分吸干,用右手将移液管插入小烧杯中,左手拿洗耳球吸取溶液。当溶液量吸至移液管容量的1/3时,立即用右手食指按住管口,取出,横持并转动移液管,使溶液流遍全管内壁,将溶液从下端尖口处排入废液杯内。如此操作,润洗3~4次后即可吸取溶液。

(5)吸取溶液:将用待吸溶液润洗过的移液管插入待吸溶液液面以下1~2cm处,用右手握住移液管上端合适位置,食指靠近管上口,中指和无名指张开,握住移液管外侧,拇指握在移液管内侧,在中指和无名指中间位置,小指自然放松;左手拿洗耳球,持握拳式,将洗耳球握在掌中,尖口朝下,握紧洗耳球,排出球内空气,将洗耳球尖口插入或紧接在移液管上口,注意不能漏气。慢慢松开左手手指,将待吸液慢慢吸入管内,直至溶液达到刻度线以上1~2cm处时,移开洗耳球,迅速用右手食指堵住移液管上口,将移液管提出待吸液面,并使管尖端接触待吸液容器内壁片刻后提起,用滤纸擦干移液管外壁黏附的少量溶液(在移动移液管时,应使移液管保持垂直,不能倾斜)。

(6)转移溶液:左手另取一干净小烧杯,将移液管管尖紧靠小烧杯内壁,小烧杯保持倾斜,使移液管保持垂直,刻度线和视线保持水平(左手不能接触移液管)。稍稍松开右手食指(可微微转动移液管),使管内溶液慢慢从出口流出,液面降至刻度线时,按紧右手食指,停顿片刻,再按上述方法将溶液的凹液面底线放至与刻度线相切为止,立即用右手食指压紧管口。将尖口处紧靠烧杯内壁,向烧杯口移动少许,去掉尖口处的液滴。将移液管或吸量管小心移至承接溶液的容器中。

(7)放出溶液:将移液管或吸量管直立,接收器倾斜,管下端紧靠接收器内壁,放开右手食指,让溶液沿接收器内壁流下,管内溶液流完后,保持放液状态15s,将移液管或吸量管尖端在接收器靠点处沿壁前后小距离滑动几下(或将移液管尖端靠接收器内壁旋转一周),移走移液管。(残留在管尖内壁处的少量溶液不可用外力强行使它流出,因为校准移液管时,已考虑了尖端内壁处保留溶液的体积。但在管身上标有"吹"字的则必须用洗耳球吹出残余液体,其他情况不允许保留尖端内壁处的液体。)

(8)清洗:要求先用自来水淋洗使用后的移液管,再用铬酸洗涤液浸泡,然后用自来水冲洗移液管内、外壁至不挂水珠,最后用蒸馏水洗涤3次,倒过来放置在移液管架上控干水备用。

2)注意事项

(1)移液管不应在加热干燥器中烘干。

（2）移液管不能移取太热或太冷的溶液。

（3）同一实验中应尽可能使用同一支移液管。

（4）移液管在使用完毕后，应立即清洗干净，置于移液管架上。

（5）移液管和容量瓶常配合使用，因此在使用前常作两者的相对体积校准。

3. 移液枪（图 2-3）

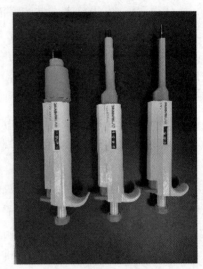

1）使用方法

（1）样品准备：将样品提前从冰箱拿出，在室温条件下放置，使样品温度与室温保持平衡。若液体温度大于枪头温度，移取的液体体积会偏大。若液体温度小于枪头温度，移取的液体体积会偏小。

（2）设定体积：大体积到小体积，逆时针旋转；小体积到大体积，顺时针旋转；超过设定刻度，再回调，保证最佳的精确度。

（3）装枪头：将吸头垂直插入移液枪端，左右微微转动，上紧即可。

（4）吸液：①垂直吸液，枪头尖端须浸入液面 2～4mm；②枪头预润湿；③慢吸慢放，控制好弹簧的伸缩速度；④将移液枪提离液面，停约 1s；⑤用滤纸蘸擦移液嘴外面附着的液滴。

图 2-3　移液枪

（5）放液：①将移液嘴口贴到容器内壁并保持 10°～40°倾斜；②平稳地把按钮压到一挡，停约 1s 后压到二挡，排出剩余液体，排出致密或黏稠液体时，压到一挡后，多等 1～2s，再压到二挡；③压住按钮，同时提取移液枪，使移液嘴贴容器壁擦过；④松开按钮；⑤按弹射器除去移液嘴。

（6）使用完毕：调至最大量程，移液枪长时间不用时建议将刻度调至最大量程，让弹簧恢复原形，延长移液枪的使用寿命。

2）注意事项

（1）移液枪不得移取有腐蚀性的溶液，如强酸、强碱等。

（2）如有液体进入枪体，应及时擦干。

（3）应轻拿轻放移液枪。

（4）定期对移液枪进行校准。

4. 容量瓶

容量瓶是细颈、梨形、平底的玻璃瓶，一般用来准确配置一定体积，一定物质的量浓度的溶液。瓶口配有磨口玻璃塞或塑料塞，瓶身标有温度和容积，有刻线而无刻度。容量瓶在使用之前要检查是否漏水，并且要注意容量瓶的容量规格。

1）使用方法

以配置 500mL 浓度为 0.1mol/L 的 Na_2CO_3 溶液为例加以说明。

（1）计算：500mL 浓度为 0.1mol/L 的 Na_2CO_3 溶液中含有溶质碳酸钠的物质的量为 0.1mol/L×0.5L＝0.05mol，需要碳酸钠的质量为 106g/mol×0.05mol＝5.3g。

（2）称量：用电子天平称取碳酸钠 5.3g。

（3）溶解，冷却：碳酸钠应在烧杯中溶解，不能在容量瓶中溶解。容量瓶上标有温度和体积，这说明容量瓶的体积受温度影响。而物质的溶解往往伴随着一定的热效应，如果用容量瓶实施此项操作，热胀冷缩会使它的体积发生变化，严重时还可能导致容量瓶炸裂。

（4）转移：由于容量瓶瓶颈较细，为避免液体洒在外面，应用玻璃棒引流。

（5）洗涤：用少量蒸馏水洗涤烧杯 2～3 次，洗涤液要全部转移到容量瓶中。

（6）定容：向容量瓶中加入蒸馏水，在距离刻度线 2～3cm 时，改用胶头滴管滴加蒸馏水至刻度线。观察刻度线时眼睛要平视，凹液面最低处与刻度线平齐。

（7）摇匀：将容量瓶盖好塞子，把容量瓶倒转和摇动多次，使溶液混合均匀。

（8）装瓶，贴标签：容量瓶中不能存放溶液，因此要把配置好的溶液转移到试剂瓶中，贴好标签，注明溶液的名称、浓度和配制日期、配制人员等信息。

2）注意事项

（1）忌用容量瓶进行溶解，否则会导致体积发生变化。

（2）忌直接往容量瓶倒液，否则容易洒到外面。

（3）忌加水超过刻度线，否则会导致浓度偏低。

（4）忌读数时仰视或俯视，仰视会导致浓度偏低，俯视会导致浓度偏高。

（5）忌不洗涤玻璃棒和烧杯，或不将洗涤液转移到容量瓶中，否则会导致浓度偏低。

（6）忌将标准液存放于容量瓶中。化学物质长时间与容量瓶接触，可能会腐蚀容量瓶的瓶壁，对精准度造成影响。容量瓶是量器，不是容器。

第三节　称量方法与基本操作

一、电子天平的使用

电子天平（图 2-4）的操作方法分为 6 步，分别为调平、预热、开机、校正、称量、关机。具体操作步骤如下。

（1）调平：调整地脚螺栓高度，使水平仪内空气气泡位于圆环中央。

（2）预热：天平在初次接通电源或长时间断电之后，至少需要预热 30min（事先检查电源电压是否匹配，必要时配置稳压器）。为取得理想的测量结果，天平应保持待机状态。

（3）开机：按开关键直至全屏自检，显示天平型号，当天平显示回零时，就可以称量了。

（4）校正：首次使用天平必须进行校正，轻按校准键（CAL），显示器出现"CAL-200"，其中"200"为闪烁码。打开天平门，把"200g"校准砝码放上称盘，显示器即出现"---"等待状态，关上天平门，经较长时间后显示器出现"200.000 0g"，拿去校准砝码，显示器应出现"0.000 0g"，若不为零，则再清零，然后重复以上校准操作。

（5）称量：将洁净称量瓶或称量纸置于称盘上，关上侧门，轻按一下去皮键，天平将自动回

图 2-4 电子天平

零,然后逐渐加入待称物质,直到所需质量为止。

(6)关机:称量结束应及时除去称量瓶(纸),关上侧门,并做好使用情况登记。天平应一直保持通电状态,不使用时将天平调至待机状态,使天平保持保温状态,这样可延长天平的使用寿命。

二、称量瓶与干燥器

1. 称量瓶

称量瓶是一种配有磨口塞的筒形的玻璃瓶,是一种用于差减法称量试样的容器。因有磨口塞,它可以防止瓶中的试样吸收空气中的水分和 CO_2 等,适用于称量易吸潮的试样。

1)操作方法

(1)称量样品:取称量瓶,称定质量后,打开磨口塞,加入所需称量样品,盖上磨口塞,称量总质量。

(2)干燥失重、水分测定:取恒重后的称量瓶,打开磨口塞,加入规定量的样品,放置于恒温干燥箱中,干燥至恒重或连续两次称量之差小于 5mg,取出样品并将磨口塞塞上,放置于干燥器中,冷却至室温,称定质量,计算即得。

2)注意事项

(1)称量瓶使用前应洗净烘干,不用时应洗净,在磨口处垫一小张纸,以方便打开塞子。

(2)称量瓶的塞子是与磨口配套的,不得丢失、弄乱。

(3)干燥时温度不能太高,否则易造成破裂。

(4)使用和清洁称量瓶时应小心轻放。

2. 干燥器

干燥器一般有玻璃干燥器和加热干燥器。玻璃干燥器是具有宽边磨砂盖的密封容器,底座下半部为缩小的束腰,在束腰的内壁有一宽边,用以搁放瓷板。瓷板具有大小不同的孔洞,瓷板上面存放待干燥的物质,瓷板下部底座用以存放干燥剂。盖子为拱圆状,盖顶有一只圆玻璃滴,作为手柄移动盖子。盖子和底座的宽边呈磨砂状,能更好地相吻合,可以达到封闭的目的。

加热干燥器一般采用薄钢板制作,表面烤漆,工作室采用优质结构钢板制作,外壳与工作室之间填充硅酸铝纤维。加热干燥器利用热能加热物料,汽化物料中的水分,形成的水蒸气可随空气逸出干燥器,从而达到脱除物料水分的目的。

1)使用方法

(1)玻璃干燥器:洗净擦干玻璃干燥器,按照需要在底座放入不同的干燥剂(一般用变色硅胶、浓硫酸或无水氯化钙等),然后放上瓷板,将待干燥的物质放在瓷板上(如果将较热的物质放入后要不时地移动干燥器的盖子,将里面的空气放出,否则会由于空气受热膨胀把盖子顶起来)。再在玻璃干燥器宽边处涂一层凡士林油脂,将盖子盖好,沿水平方向摩擦几次,使油脂均匀,即可进行干燥。在打开玻璃干燥器盖子时,要一只手扶住玻璃干燥器底座,另一只手将干燥器盖子沿水平方向移动。

(2)加热干燥器:接通电源,打开空气开关,按下按钮启动鼓风机,加热启动,然后设定温度、恒温时间,达到时间后切断加热电源,鼓风机继续工作至设定的停机时间。

2)注意事项

(1)玻璃干燥器。①干燥剂不可放太多,以免玷污坩埚底部。②搬移玻璃干燥器时要用双手,还要用大拇指紧紧按住盖子。③打开玻璃干燥器时,不能往上掀盖,应用左手按住玻璃干燥器底座,右手小心地把盖子稍微推开,等冷空气徐徐进入后,才能完全打开。盖子必须仰放在桌子上。④不可将太热的物体放入玻璃干燥器中,有时将较热的物体放入玻璃干燥器后,空气受热膨胀会把盖子顶起来。为了防止盖子被打翻,应当用手按住,并不时地把盖子稍微推开。⑤灼烧或烘干后的坩埚和沉淀物不宜在干燥器内放置过久,否则会吸收水分而使质量有所增加。⑥变色硅胶干燥时为蓝色,受潮后变为粉红色。可以用120℃干燥器烘干受潮的硅胶,待硅胶变蓝色后反复使用,直至破碎不能用为止。

(2)加热干燥器。①当一切准备工作就绪后方可将待干燥物放入加热干燥器内,然后连接并启动电源,红色指示灯亮表示箱内正在加热。当达到所控温度时,红灯熄灭而绿灯亮,此时表示恒温。为了防止温控失灵,还须实时查看。②放入待干燥物时应注意排列不能紧密,不可堆放于散热板上,以免影响气流向上流动。禁止存放干燥易燃、易爆、易挥发性及有腐蚀性的物品。③有鼓风机的加热干燥器,在加热和恒温的过程中必须将鼓风机开启,否则会影响工作室温度的均匀性和损坏加热元件。④需注意用电安全,根据加热干燥器的耗电功率,选择合适的电源闸刀。在工作完毕后应立即切断电源以确保安全,加热干燥器内外要保持干净,使用温度不可高于最大量程,在干燥过程中温度高易烫伤皮肤,需用辅助工具取放待干燥物。

第四节　实验用水规格及制备

一、实验用水规格

根据中华人民共和国国家标准《分析实验室用水规格和试验方法》(GB/T 6682—2008)的规定,分析实验室用水分为 3 个级别:一级水、二级水和三级水。不同级别实验室用水的指标及应用领域见表 2-1 和表 2-2。

表 2-1　不同级别实验室用水的指标

名称	一级	二级	三级
pH 值范围(25℃)	—	—	5.0～7.5
电导率(25℃)/(mS/m)	≤0.01	≤0.10	≤0.50
可氧化物质(以 O 计)/(mg/L)	—	≤0.08	≤0.4
吸光度(254nm,1cm 光程)	≤0.001	≤0.01	
蒸发残渣((105±2)℃)/(mg/L)	—	≤1.0	≤2.0
可溶性硅(以 SiO_2 计)/(mg/L)	≤0.01	≤0.02	—

注:(1)由于在一级水、二级水的纯度下,难以测定其真实的 pH 值,因此对一级水、二级水的 pH 值范围不做规定。

(2)由于在一级水的纯度下,难以测定可氧化物质和蒸发残渣,对其限量不做规定。可用其他条件和制备方法来保证一级水的质量。

表 2-2　不同级别实验室用水的应用领域

应用领域	纯水级别
高效液相色谱	一级水
气相色谱	
原子吸收光谱	
电感耦合等离子体光谱	
电感耦合等离子体质谱	
分子生物学实验和细胞培养等	二级水
制备常用试剂溶液	
制备缓冲溶液	
冲洗玻璃仪器	三级水
水浴用水	

二、实验室用水的制备

（1）蒸馏水。将自来水在蒸发装置上加热汽化，然后将水蒸气冷凝即可得到蒸馏水。因为杂质一般不挥发，所以蒸馏水中所含杂质比自来水少得多，比较纯净，可达到三级水的标准，但还是有少量的金属离子、二氧化碳等杂质。

（2）二次蒸馏水。为了获得比较纯净的蒸馏水，可以进行二次蒸馏，并在准备二次蒸馏的蒸馏水中加入适当的试剂以抑制某些杂质的挥发。如加入甘露醇能抑制硼的挥发，加入碱性高锰酸钾可破坏有机物，并防止二氧化碳蒸出。二次蒸馏水一般可达到二级水的标准。二次蒸馏通常采用石英亚沸蒸馏器，其特点是在液面上方加热，使液面始终处于亚沸状态，可使水蒸气带出的杂质量减至最低。

（3）去离子水。去离子水是使自来水或普通蒸馏水通过离子交换树脂柱后所得的纯水。制备时，一般将水依次通过阳离子交换树脂柱、阴离子交换树脂柱和阴阳离子交换树脂柱。这样得到的水纯度高，质量可达到二级水或一级水标准，但树脂柱对非电解质及胶体物质无效，同时会有微量的有机物从树脂柱溶出，因此，根据需要可将去离子水进行二次蒸馏以得到高纯水。

（4）超纯水。超纯水是利用蒸馏、去离子化、反渗透技术或其他适当的超临界精细技术生产出来的水，其电阻率大于 $18M\Omega \cdot cm$ 或接近 $18.3M\Omega \cdot cm$ 极限值（测试温度：25℃）。这种水中除了水分子外，几乎没有杂质。

三、特殊要求用水的制备

（1）无氨蒸馏水：每升蒸馏水中加 2mL 浓硫酸，再二次蒸馏，即得无氨蒸馏水。

（2）无二氧化碳蒸馏水：煮沸蒸馏水，直至煮去原体积的 1/4 或 1/5，隔离空气，冷却即得。此水应储存于连接碱石灰吸收管的瓶中，其 pH 值应为 7。

（3）无氯蒸馏水：加入亚硫酸钠等还原剂将水中的余氯还原为氯离子，用附有缓冲球的全玻璃蒸馏器进行蒸馏。

（4）无酚蒸馏水：每升蒸馏水中加入 0.2g 经 200℃活化 30min 的活性炭粉末（以除去蒸馏水中痕量的酚类及其他有机化合物），充分振摇后，放置过夜，用双层中速滤纸过滤。或加氢氧化钠使水呈强碱性，并滴加高锰酸钾溶液至水呈紫红色，移入全玻璃蒸馏器中加热蒸馏，集取馏出液供用。无酚蒸馏水应储存于玻璃瓶中，取用时，应避免与橡胶制品（橡皮塞或乳胶管等）接触。

（5）不含有机物的水：将碱性高锰酸钾溶液加入水中二次蒸馏，在二次蒸馏的过程中应始终保持水因高锰酸钾呈现的紫红色不消退，否则应及时补加高锰酸钾。

第五节　标准溶液的配制与标定

一、标准溶液的配制

化学分析大都使用溶液进行实际操作,在分析测定时又多使用标准试剂的溶液,此类溶液简称标准溶液,可作为分析被测元素的标准。不是什么试剂都可以用来直接配制标准溶液的,必须是基准物质或标准物质才能用于直接配制。

1.基准物质

凡能用于直接配制标准溶液或标定标准溶液的物质,称为基准物质或标准物质。基准物质应符合下列要求。

(1)组成恒定:应与它的化学式完全相符,若含有结晶水,则其含量也应固定不变。如草酸($H_2C_2O_4 \cdot 2H_2O$),其结晶水的含量也应与化学式完全相符。

(2)纯度高:杂质的含量应少到不至于影响分析准确度,一般要求纯度为99.9%以上。

(3)性质稳定:在贮存或称量过程中组成和质量不变。

(4)参与反应时应按反应式定量进行,没有副反应。

(5)应具有较大的摩尔质量,因为摩尔质量越大称量时相对误差越小。

2.标准溶液的配制方法

(1)直接配制法:准确称取[①]一定量的基准物质,溶解后配制成一定体积的溶液,根据物质的量和溶液的体积,即可计算出该标准溶液的准确浓度。

(2)间接配制法(或称标定法):有很多物质不能直接用于配制标准溶液,这时可先配制成一种近似于所需浓度的溶液,然后用基准物质(或已经用基准物质标定过的标准溶液)来标定它的准确浓度。

二、标准溶液的浓度标定

标定法又叫间接配制法。对于不能作基准物质的 NaOH、HCl、H_2SO_4、硫酸亚铁铵(($NH_4)_2Fe(SO_4)_2 \cdot 6H_2O$)、硫代硫酸钠($Na_2S_2O_3$)等,不能直接配制标准溶液,先按需要将它们配成近似所需浓度的操作溶液,再用基准物质或其他标准溶液测定其准确浓度。这种用基准物质或标准溶液测定操作溶液准确浓度的过程称为标定。

例如:预配制浓度为 0.1mol/L HCl 标准溶液。先用浓盐酸稀释配成浓度约为 0.1mol/L 的稀溶液,然后用一定量的硼砂或已知准确浓度的 NaOH 标准溶液进行标定。

---

① 本书所提及的准确称取,均指用分析天平称重准确到 0.000 1g。如准确称取 0.2g 草酸钠,实际是指精确到 0.000 1g。

第六节　水分析实验数据处理与结果表示方法

一、有效数字及其运算规律

1. 测量结果的有效数字

1)有效数字的定义及其基本性质

测量结果中所有可靠数字加上末位的可疑数字统称为测量结果的有效数字。有效数字具有以下基本特征。

(1)有效数字的位数与仪器精度(最小分度值)有关,也与被测量量的大小有关。

对于同一被测量量,如果使用不同精度的仪器进行测量,则测得的有效数字的位数是不同的。例如用千分尺(最小分度值为 0.01mm,$\Delta_仪 = 0.004$mm)测量某物体的长度,读数为 4.834mm。其中前 3 位数字"483"是最小分度值的整数部分,是可靠数字;末位"4"是在最小分度值内估读的数字,为可疑数字;由于与千分尺的 $\Delta_仪$ 在同一数位上,所以该测量值有 4 位数字。如果改用最小分度值(游标精度)为 0.02mm 的游标卡尺来测量,其读数为 4.84mm,测量值就只有 3 位有效数字。游标卡尺没有估读数字,其末位数字"4"为可疑数字,它与游标卡尺的 $\Delta_仪 = 0.02$mm 也是在同一数位上。

(2)有效数字的位数与小数点的位置无关,单位换算时有效数字的位数不应发生改变。

2)有效数字与不确定度的关系

在我们规定不确定度的有效数字只取 1 位时,任何测量结果,其数值的最后位应与不确定度所在的数位对齐。如 $\rho = (8.927 \pm 0.005)$g/cm^3,测量值的末位"7"刚好与不确定度0.005的"5"对齐。

由于有效数字的最后一位是不确定度所在位,因此有效数字或有效位数在一定程度上反映了测量值的不确定度(或误差限值)。测量值的有效数字位数越多,测量的相对不确定度越小;有效位数越少,相对不确定度就越大。

3)数值的科学表示法

当一个数值很大,但有效数字又不多时,该如何正确表达? 这时可用尾数乘以 10 的多少次幂的形式表示,即所谓的科学记数法。如某号钢的弹性模量 $E = 2.17 \times 10^{11}$N/m^2,它有 3 位有效数字,显然写成 217 000 000 000N/m^2 是不妥当的;同样,一个数值很小的量,如铜在 20℃时的线胀系数为 0.000 011 5,写成 1.15×10^{-5} 则较为简洁明了。

2. 有效数字的运算规律

1)数字的舍入修约原则

在遵循测量值的数字舍入修约原则时,首先要确定需要保留的有效数字和位数,保留数字的位数确定以后,后面多余的数字就应予以舍入修约,其规则如下。

(1)若拟舍弃数字的最左位数字小于 5 时,则舍去,即保留的各位数字不变。

(2)若拟舍弃数字的最左位数字大于 5,或者是 5,而其后跟有并非为 0 的数字时,则进 1,即保留的末位数字加 1。

(3)若拟舍弃数字的最左位数字为 5,而 5 的右边无数字或皆为 0 时,如所保留的末位数字为奇数则进 1,为偶数则舍去,即"单进双不进"。

上述规则也称数字修约的偶数规则,即"四舍六入五凑偶"规则。根据上述规则,将以下数据保留 4 位有效数字,舍入后的数据分别为:

4.131 59→4.132; 5.727 29→5.727; 7.520 50→7.520。

对于测量结果的不确定度的有效数字,本书规定采取只进不舍的规则。

2)有效数字运算规律

有效数字的运算总的原则是,除遵守数学运算法则外,准确数字与准确数字的运算结果仍为准确数字,存疑数字与任何数字的运算结果均为存疑数字。

(1)加减运算。根据误差合成的理论,加减运算后结果的绝对误差应等于参与运算的各数值误差之和。如 $y=x_1+x_2$,设误差分别为 Δy、Δx_1 和 Δx_2,则 $\Delta y=\Delta x_1+\Delta x_2$。可见 y 的绝对误差较各个 x 的绝对误差中最大的还大,而绝对误差大的 x 值,其有效数字的最后一位必然靠前。因此,运算结果的有效数字末位应与参与运算中误差最大的数值的末位相同,即取至参与运算各数中最靠前出现可疑的那一位。例如,$35.4+4.325=39.725$;$39.4-0.235=39.165$。在这两个式子中,因为 35.4 是参与运算的数据中误差最大的,所以两个计算结果都应该只保留一位小数,按照现在通用的"四舍六入五凑偶"的法则,分别为 39.7 和 39.2,有效数字为 3 位。

(2)乘除运算。根据误差合成的理论,乘除运算结果的相对误差等于参加运算各数值的相对误差之和,因此运算结果的相对误差应大于参加运算各数值中任意一个的相对误差。如设 $y=x_1x_2$,设误差分别为 Δy、Δx_1 和 Δx_2,则 $\Delta y/y=\Delta x_1/x_1+\Delta x_2/x_2$,即 y 的相对误差较各个 x 的相对误差都大。同时,我们知道一个数值的有效数字位数与相对误差有关,相对误差越大,有效数字位数越少,所以乘除运算结果的有效数字位数,可估计为与参加运算各数中有效数字位数最少的相同。例如,$2.358\times21.8=51.404\ 4$;$45\ 892\div735=62.438\ 095\ 2$。在这两个式子中,21.8 和 735 的有效位数最少,只有 3 位,故运算结果修约成 3 位有效数字,即分别为 51.4 和 62.4。

3. 函数运算的有效数字

在进行函数运算时,不能搬用四则运算的有效数字运算规则,因为四则运算的有效数字运算规则不适用于函数运算。实际上,四则运算的有效数字运算规则是根据误差传递理论及有效数字的含义总结概括出来的。所以对函数运算只能应用误差传递的方法,先求出函数的绝对误差的估计值,再由绝对误差值在小数点前后的位置来确定函数值的末位(应与绝对误差位置对齐),从而确定函数值的有效数字。

4. 注意事项

(1) 分数、比例系数、实验次数等不计位数。

(2) 第一位数字大于 8 时，多取一位。例如:8.48,按 4 位算。

(3) 四舍六入五凑偶。

(4) 注意计算 pH 值时,由于 pH 值为 H^+ 浓度的负对数,所以小数部分才为有效数字。

二、分析结果的误差及其表示方法

1. 误差的类型及产生原因

1) 系统误差

(1) 特点:对分析结果的影响比较恒定;在同一条件下,重复测定时,也会重复出现,影响准确度、不影响精密度的问题;可以被消除。

(2) 产生原因:①方法误差,选择的方法不够完善(质量分析中沉淀的溶解损失)。②仪器误差,仪器本身的缺陷(滴定管、容量瓶未校正)。③试剂误差,所用试剂有杂质(去离子水不合格)。④主观误差,操作人员主观因素造成(对指示剂颜色辨别偏深或偏浅)。

2) 随机误差

(1) 特点:随机误差是可变的,有时大,有时小,有时正,有时负;正误差和负误差出现的概率相等;小误差出现的次数多,大误差出现的次数少,个别特别大的误差出现的次数很少。测量数据分布符合一般的统计规律(服从正态分布)。

(2) 产生原因:由一些难以控制的偶然因素造成的,也称偶然误差。

根据误差理论,在消除系统误差的前提下,如果测定次数越多,则分析结果的算术平均值越接近于真值。也就是说,采用"多次测定、取平均值"的方法,可以减小随机误差。

3) 过失误差

过失是指测定工作中出现的差错,是不按操作规程办事等原因造成的。例如读错刻度、记录和计算错误或加错试剂等。

2. 误差的表示方法及分析结果的衡量指标

1) 准确度与精密度

(1) 准确度:测试结果与被测量真值或约定真值间的一致程度。

(2) 精密度:在规定条件下,相互独立的测试结果之间的一致程度。

精密度高不一定准确度高,但精密度是保证准确度的先决条件;精密度低说明所测结果不可靠,这时,自然失去了衡量准确度的前提。

2) 误差(绝对误差)和相对误差

(1) 误差(绝对误差)。

误差＝测量结果－真值

　　＝(测量结果－总体均值)＋(总体均值－真值)

　　＝随机误差＋系统误差

因此,任意一个误差 Δi 均可以表示为随机误差和系统误差的代数和。

（2）相对误差。

测量误差除以被测量的真值所得的商,称为相对误差。相对误差表示绝对误差所占约定真值的百分比。当被测量量的大小相近时,通常用绝对误差进行测量水平的比较。当被测量值相差较大时,用相对误差才能进行有效的比较。

3）偏差、相对偏差、标准偏差和变异系数

（1）偏差（绝对偏差）:指某一次测量值与平均值的差异。

（2）相对偏差:指某一次测量的绝对偏差占平均值的百分比。

（3）标准偏差:指统计结果在某一个时段内误差上下波动的幅度。标准偏差属统计学名词,是一种量度数据分布的分散程度之标准,用以衡量数据值偏离算术平均值的程度。标准偏差越小,这些值偏离平均值就越少,反之亦然。标准偏差的大小可通过标准偏差与平均值的倍率关系来衡量。

（4）变异系数（相对标准偏差）:指标准偏差除以相应的平均值乘 100% 的所得值。

在一般分析工作中,常采用平均偏差来表示测量结果的精密度。考察一种分析方法所能达到的精密度,判断一批分析结果的分散程度,或者其他许多分析数据的处理等,最好采用标准偏差与其他有关数理统计的理论和方法。

三、水质分析结果的表示方法

水质分析中取两个或两个以上平行样进行分析,并用其平均值表示分析结果。

水样分析结果通常用毫克/升（mg/L）表示。当浓度小于 0.1mg/L 时,则用微克/升（μg/L）表示或更小的单位纳克/升（ng/L）表示（1g＝10^3mg＝10^6μg＝10^9ng）。

水质分析中的一些物理指标（如色度、浊度、电导率等）、微生物指标（如细菌总数、大肠菌群等）以及部分化指标（如硬度、碱度、pH 值等）的分析结果常有它们各自的表示方法。

四、思考题

（1）运用有效数字的运算规则进行计算。

①0.001＋28.99＋3.157 96＝_____　　②1.201×0.135×5.982 45＝_____

③8.745 8 取 3 位有效数字为多少?　　④5.090 21 取 3 位有效数字为多少?

⑤当[H^+]＝7.5×10^{-5}mol/L,则 pH 值为多少?

（2）以下情况会引起什么误差?

a.砝码被腐蚀;b.称量时样品吸收了空气中的水分;c.天平的零点不准;

d.读数时,最后一位小数未读准;e.试剂中含有微量待测成分。

（3）滴定管的读数误差为±0.01mL,如果滴定时用掉标准溶液 21.3mL,相对误差是多少?

（4）已知 $AgNO_3$ 标准溶液对 Cl^- 的滴定度 $T(Cl^-/AgNO_3)$ 为 0.025 90g/mL,用该标准溶液滴定 50mL 水样中的 Cl^- 时,消耗 8.50mL,求水样中 Cl^- 的浓度（单位为 mg/L）。

第三章　水样的现场测试、采集及预处理与保存

第一节　水样的物理性质及其测定方法

一、色度及其测定方法

色度是对天然水或处理后的各种水进行颜色定量测定的指标,是水质指标之一。规定每升水中含有 1mg 铂和 0.5mg 钴时所具有的颜色为 1 度,将它作为标准色度单位。

1. 实验仪器与试剂

准备 50mL 具塞比色管,其刻线高度要一致。

铂钴标准溶液:称取 1.245 6g 氯铂酸钾(K_2PtCl_6)(相当于 500mg 铂)和 1g 氯化钴(CoCl·$6H_2O$)(相当于 250mg 钴),溶于 100mL 水中,加 100mL 浓盐酸,用水定容至 1000mL。此溶液色度为 500 度(0.5 度/mL)。

2. 测定步骤

1)标准色列的配置

吸取铂钴标准溶液 0、0.50、1.00、1.50、2.00、2.50、3.00、3.50、4.00、4.50、5.00、6.00、7.00、8.50、10.00mL,分别放入 50mL 具塞比色管,用蒸馏水稀释至刻线,混匀。将相对应的色度记录在报告中。

2)水样的测定

(1)将水样(注明 pH 值)放入同规格比色管中至 50mL 刻线。如水样色度较大,可酌情少取水样,用蒸馏水稀释至 50mL。

(2)将水样与标准色列进行目视比较。比色时选择光亮处。各比色管底均应衬托白瓷板或白纸,从管口向下垂直观察。记录与水样色度(A)相同的铂钴标准色列的色度 A_0。

$$A = \frac{A_0 \times 50}{V}$$

式中:A_0 表示水样相当于铂钴标准色列的色度(度);V 表示原水样的体积(mL);50 表示水样最终稀释体积(mL)。

（3）将上述所测得的数据填入报告记录表中。

3）注意事项

（1）如水样色度恰在两标准色列之间，则取两者中间数值；当水样色度大于 100 度时，则将水样稀释一定倍数后再进行比色。

（2）当水样较浑浊，虽经预处理而得不到透明水样时，则在报告中注明水色为表色。

（3）如实验室无氯铂酸钾，可用重铬酸钾代替。称取 0.043 7g K_2CrO_7 和 1.000g $CoSO_4 \cdot 7H_2O$ 溶于少量水中，加入 0.5mL 浓硫酸，用水稀释至 500mL。此溶液色度为 500 度，不宜久存。

二、浊度及其测定方法

水的浊度是天然水和饮用水的一项重要水质指标，规定每升水中含有 1.25mg 硫酸肼和 12.5mg 六次甲基四胺时形成的福尔马肼混悬液的浊度为 1NTU（散射浊度单位为 NTU，福尔马肼浊度单位为 FTU）。

1. 实验仪器与试剂

1）实验仪器

（1）分光光度计。

（2）50mL 比色管。

2）无浊度水

将蒸馏水通过孔径为 0.2μm 滤膜过滤，收集于用滤过水淋洗 2～3 次的烧瓶中。

3）浊度标准溶液

（1）硫酸肼溶液：准确称取 1.000g 硫酸肼（$NH_2NH_2 \cdot H_2SO_4$），用少量无浊度水溶解于 100mL 容量瓶中，并稀释至刻度线（溶液浓度为 0.01g/mL）。

（2）六次甲基四胺溶液：准确称取 10.00g 六次甲基四胺（$(CH_2)_6N_4$），用无浊度水溶于 100mL 容量瓶中，并稀释至刻度线（溶液浓度为 0.10g/mL）。

（3）甲臜聚合物标准溶液：准确吸取 5.00mL 硫酸肼溶液和 5.00mL 六次甲基四胺溶液于 100mL 容量瓶中，混匀，在（25±3）℃下静置 24h，用无浊度水稀释至刻度线，混匀（其中硫酸肼溶液浓度为 500mg/L，六次甲基四胺溶液浓度为 5000mg/L）。该储备溶液的浊度为 400NTU（0.4 度/mL）。可保存 15 个月。

2. 实验内容

1）标准曲线绘制

准确吸取 0、0.50、1.25、2.50、5.00、10.00 和 12.50mL 浊度标准溶液（0.4NTU/mL），分别放入 50mL 比色管中，用无浊度水稀释至刻度线，混匀。该系列标准溶液的浊度分别为 0、4、10、20、40、80、100NTU。用 3cm 比色皿，在 680nm 处测定吸光度值，并作记录。绘制标准曲线。

2）水样的测定

吸取 50.00mL 水样,放入 50mL 比色管中(若水样浊度大于 100NTU,可少取水样,用无浊度水稀释至 50mL,混匀。)按绘制标准曲线步骤测定吸光度值,由标准曲线查出水样对应的浊度。

$$A = \frac{A_0}{V} \times 50$$

式中:A_0 表示已稀释水样浊度(NTU);V 表示原水样体积(mL);50 表示水样最终稀释体积(mL)。

3）数据处理

(1)实验记录。实验数据按表 3-1 记录。

表 3-1　浊度标准溶液测定的吸光度记录表

标准溶液/mL	0	0.50	1.25	2.50	5.00	10.00	12.50
浊度/NTU	0	4	10	20	40	80	100
吸光度							
水样吸光度							

(2)以水的浊度为横坐标,对应的吸光度值为纵坐标绘制标准曲线。由测得的水样吸光度值,在标准曲线上查出对应的浊度。

3. 实验报告

要求报告记录至浊度值的精度,见表 3-2。

表 3-2　测定浊度的精度要求

浊度范围	报告记录至浊度的精度值
1～10	1
<10～100	5
<100～400	10
<400～1000	50
>1000	100

第二节　不稳定水化学指标的现场测试

一、水的 pH 值的测定

1. 实验原理

电位法测定溶液的 pH 值,是选用以玻璃电极为指示电极(一)、饱和甘汞电极为参比电极（＋）组成的原电池进行测定的。在实际测量中选用 pH 值与水样 pH 值接近的标准缓冲溶液，校正 pH 计（又叫定位），并保持溶液温度恒定，以减小由液接电位、不对称电位及温度等变化而引起的误差。测定水样之前，用两种不同 pH 值的缓冲溶液校正 pH 计，如用一种 pH 值的缓冲溶液定位后，再测定 pH 值相差约为 3 的另一种缓冲的 pH 值时，误差应为±0.1。

校正后的 pH 计，可以直接测定水样或溶液的 pH 值。

本实验所用的是复合电极。复合电极由指示电极和参比电极集成，原理与上文相同。复合电极最大的优点是使用方便，但不能长时间浸在蒸馏水中。复合电极使用完毕要用蒸馏水洗净，放在含外参比溶液的保护套内。

2. 实验仪器与试剂

仪器：pHS-3C 型酸度计（或其他型号的 pH 计）；玻璃电极和甘汞电极（或复合电极）。

试剂：邻苯二甲酸氢钾标准缓冲溶液（浓度为 0.05mol/L）；混合磷酸盐缓冲溶液（浓度为 0.025mol/L）；NaH_2PO_4 溶液浓度约为 0.1mol/L。

3. 实验内容

（1）按照仪器使用说明书中的操作方法进行操作。

（2）将电极与塑料杯用水冲洗干净后，用标准缓冲溶液淋洗 1～2 次，用滤纸吸干。

（3）用标准缓冲溶液校正仪器。

（4）测定水样或溶液的 pH 值，测定步骤如下。

（a）用水冲洗电极 3～5 次，再用被测水样或溶液冲洗 3～5 次，然后将电极放入水样或溶液中。

（b）测定 NaH_2PO_4 溶液的 pH 值，测定 3 次。

（c）测定完毕，清洗干净电极和塑料杯。

（d）记录实验数据。

4. 注意事项

1）玻璃电极的使用

（1）使用前，将玻璃电极的球泡部位浸在蒸馏水中 24h 以上。如果在 50℃蒸馏水中将球泡部位浸泡 2h，冷却至室温后可当天使用。不用时也要浸在蒸馏水中。

（2）安装：安装时要用手指夹住电极导线插头，切勿使球泡与硬物接触。玻璃电极下端要比饱和甘汞电极高 2～3mm，防止触及杯底而损坏。

（3）用玻璃电极测定碱性水样或溶液 pH 值时，应尽快测量。测量胶体溶液、蛋白质溶液和染料溶液 pH 值时，用后需用棉花或软纸蘸乙醚小心地擦拭，酒精清洗，最后用蒸馏水洗净。

2）饱和甘汞电极的使用

（1）使用饱和甘汞电极前，应先将电极管侧面的小橡皮塞及弯管下端的橡皮套取下，不用时再放回。

（2）应经常补充管内的饱和 KCl 溶液，溶液中应有少许 KCl 晶体，不得有气泡。补充后应等几小时再用。

（3）饱和甘汞电极不能长时间浸在被测水样中。不能在 60℃ 以上的环境中使用。

3）复合电极的使用

（1）应经常检查电极内液面，如液面过低则应补充 KCl 溶液（浓度为 4mol/L）。

（2）玻璃泡极易破碎，使用时必须极为小心。

（3）复合电极长期不用，可浸泡在浓度为 3mol/LKCl 溶液中，平时可浸泡在去离子水或缓冲溶液中，使用时取出，用蒸馏水冲洗玻璃泡部分，然后用滤纸吸干。

（4）测样时玻璃泡和半透膜小孔都要浸入溶液中，稍加搅拌，读数时电极应静止不动，以免数字跳动。

4）仪器校正

（1）应选择与水样 pH 值接近的标准缓冲溶液校正仪器。

（2）定位：将电极浸入第 1 份标准缓冲溶液中，调"温度"钮，使电极温度与溶液温度一致。然后调"定位"钮，使 pH 计读数与已知 pH 值一致。注意，校正后，切勿再动"定位"钮。将电极取出，洗净、吸干，再浸入第 2 份标准缓冲溶液中，测定 pH 值，如测定值与第 2 份标准缓冲溶液已知 pH 值之差小于 0.1，则说明仪器正常，否则需检查仪器、电极或标准溶液是否有问题。

二、水的电导率的测定

1. 实验原理

电导率是以数字表示溶液传导电流的能力，单位为 S/cm 或者 μS/cm。水的电导率与它所含无机酸、碱、盐的量有一定的关系，当它们的浓度较低时，电导率随着浓度的增大而增大。因此，该指标常用于推测水中离子的总浓度或含盐量。

当两个电极（通常为铂电极或铂黑电极）插入溶液时，可以测出两电极间的电阻 R。电导 S 是电阻 R 的倒数。根据欧姆定律，当温度一定时，这个电阻值与电极间距 L(cm)成正比，与电极的截面积 D(cm^2)成反比，即

$$R = \rho \times \frac{L}{D}$$

式中：ρ 为电阻率，是长 1cm、截面积 $1cm^2$ 导体的电阻，其大小决定于物质的本性。

根据上式，导体的电导 S 可表示成下式

$$S = \frac{1}{R} = \frac{1}{\rho} \times \frac{D}{L} = \kappa \times \frac{1}{Q}$$

式中：$\kappa = 1/\rho$ 称为电导率，$Q = L/D$ 称为电极常数。电解质溶液电导率指相距 1cm 两平行电极间充以 $1cm^3$ 溶液时所具有的电导。

电导率通常用电导率仪测定，在电场作用下，水中离子所产生电导的大小以在电导率仪上直接测定显示出来的电导率表示。水的电导率随温度升高而增大，水温每升高 1℃，电导率

增加 25℃时电导率的 2％左右。为使结果便于比较,通常将测定值校正为 25℃时的电导率报出结果。

2. 实验仪器与试剂

仪器:温度计(能读至 0.1℃),电导率仪(误差不超过 1％),电导电极。

常见的电导电极有以下 3 种。

(1)DJS-1:光亮电极,金属薄片,$Q \approx 1$,测量范围为 0～20μS/cm,测定时选择低周(适用于测量高纯水、去离子水、蒸馏水)。

(2)DJS-1:铂黑电极,表面镀有黑色的铂线,$Q \approx 1$,测量范围为 0.01～20mS/cm,测定时选择高周(适用于测量地表水、生活污水)。

(3)DJS-10:铂黑电极,薄片面积较小、距离大,测量范围为 0.01～200mS/cm,测定时选择高周(适用于测量海水、工业污水)。

试剂:纯水(电导率不小于 1μS/cm),浓度为 0.010 0mol/L 氯化钾溶液(此溶液在 25℃时的电导率为 1413μS/cm)。

3. 实验步骤

(1)电极使用前或不干净时要用稀盐酸浸泡,清洗干净。

(2)电导率仪接通电源,预热 10min,选择合适的电导电极连接到电导率仪上。

(3)按照仪器操作手册,设置好电极常数,并将量程选择为适当档次。

(4)取适量水样冲洗容量为 50mL 的烧杯几次后,再取适量水样于烧杯中,测量并记录温度。

(5)电导电极用蒸馏水冲洗后擦干净,插入待测溶液中测定,稳定后读数。

4. 数据记录与处理

水样的电导率(25℃)为

$$\kappa_{25} = \kappa_t / [1 - 0.02(25 - t)]$$

式中:κ_{25} 表示 25℃时水样的电导率;κ_t 表示 t℃时测得水样的电导率;t 表示测量时试样的温度。

在记录表中分别记录下各水样的电导率,并分析比较各水样的水质状况。

5. 注意事项

(1)电导电极的铂片应避免与任何物体碰触,只能用去离子水进行冲洗,否则会损伤铂片,导致电极测量结果不准确。

(2)光亮系列电导电极的铂片表面允许使用细砂皮(表面无肉眼可见的砂粒)进行抛光清洁。

(3)如发觉铂黑系列电导电极使用性能下降,可将铂片浸于无水乙醇中 1min,取出后用去离子水冲洗,特别是用户对测量精度要求较高时该步骤尤为重要。

（4）电极使用完毕后，须及时冲洗干净，放入保护瓶中保存。

（5）电导电极在放置一段时间或使用一段时间后，其电极常数有可能发生变化，建议按照仪器说明书定期校正电极常数。

三、水中游离二氧化碳的测定

1. 实验原理

溶于水的二氧化碳称为游离二氧化碳。在天然水中，特别是低含盐量的淡水中，含量最多的盐类是碳酸盐。地表水中的二氧化碳主要来自水体或者泥土中所含有机物的分解和氧化。因土壤中有机物的呼吸作用，土壤中的二氧化碳浓度要比大气中的浓度高出几百倍。地下水中的二氧化碳主要来源于地层深处碳酸盐类进行的化学反应。地下水中游离二氧化碳的浓度一般为 15～40mg/L，某些矿泉水中含有大量二氧化碳，甘甜可口，对人体具有医疗作用。

由于水中二氧化碳极易逸出，因而二氧化碳在水中的含量变化范围很大，它影响水的 pH 值以及其他化学成分的变化，故在水分析中游离二氧化碳的测定是一个主要项目，其测定方法有容量法、重量法、气量法和计量法，其中容量法较为简便，应用较广。

游离二氧化碳能定量与氢氧化钠作用，其反应为

$$CO_2 + NaOH \longrightarrow NaHCO_3$$

当反应达到化学计量点时溶液的 pH 值约为 8.4，可选用酚酞作指示剂。

2. 实验仪器

锥形瓶、移液管、滴定管。

3. 试剂

（1）0.1% 酚酞指示剂。称 0.10g 酚酞溶于 95% 乙醇 100mL 中。

（2）氢氧化钠标准溶液 $c_{NaOH} = 0.050mol/L$。

准确称取 2g 氢氧化钠（分析纯）迅速加入少量煮沸放冷的蒸馏水中，并将该溶液稀释到 1L，转入磨口瓶中，改用橡皮塞塞瓶口。此溶液准确浓度用邻苯二甲酸氢钾标定，步骤为准确称取 0.2g（精确至 0.000 2g）在 120℃ 烘干的邻苯二甲酸氢钾（$KHC_8H_4O_4$）（分析纯）放入 250mL 三角瓶中，加入 50mL 煮沸放冷的蒸馏水，溶解后加入 4 滴酚酞溶液，立即用氢氧化钠溶液滴定到浅红色不消失为止，记下消耗氢氧化钠标准溶液的体积（V），氢氧化钠溶液的标准浓度为

$$c_{NaOH} = \frac{m \times 1000}{V \times M_{KHC_8H_4O_4}}$$

式中：m 表示邻苯二甲酸氢钾的质量（g）；V 表示滴定消耗的氢氧化钠标准溶液的体积（mL）；$M_{KHC_8H_4O_4} = 204.20g/mol$。

4. 实验步骤

用移液管吸取 50mL 水样，小心地沿瓶壁注入 250mL 锥形瓶中，加入 4 滴酚酞指示剂，立即用氢氧化钠标准溶液滴定到浅红色不消失为止，记录消耗氢氧化钠标准溶液的体积。

5. 数据及计算

$$c_{CO_2} = \frac{c_{NaOH} \times V_{NaOH} \times 44.01}{V_{sample}} \times 1000$$

式中：c_{NaOH} 表示 NaOH 标准溶液的浓度；V_{NaOH} 表示消耗所用的体积；V_{sample} 表示水样的体积。

6. 注意事项

(1)二氧化碳极易逸出，取样后应首先测定，在吸取和放入三角瓶时，一定要将试样小心沿瓶壁流下。

(2)水样中加入酚酞后显红色，表明无游离二氧化碳。

(3)滴定中溶液如果出现浑浊，说明重金属离子含量较高，可加 5mL 浓度为 50％的酒石酸钾钠溶液掩蔽后，再进行滴定。

四、水的氧化还原电位的测定

1. 实验原理

水体中氧化还原作用通常用氧化还原电位(E_h)来表示。将铂电极和参比电极插入水溶液中，金属表面便会发生电子转移反应，电极与溶液之间产生电位差，电极反应达到平衡时相对于氢标准电极的电位差为氧化还原电位。

2. 实验仪器

(1)采样设备：水质采样可选用聚乙烯塑料桶和自制的其他采样工具与设备，场合适宜时也可使用样品容器人工直接灌装。

(2)样品容器：大塑料桶(带盖)、废液收集桶或箱。

(3)测定设备：实验室 pH 计、ORP 复合电极、温度计、棕色广口瓶(500mL)、玻璃管。

3. 实验步骤

(1)取一个洁净的 500mL 棕色广口瓶，用橡皮塞塞紧瓶口，在橡皮塞上打 4 个孔，分别插入 ORP 复合电极、温度计及 2 支玻璃管(其中 2 支玻璃管分别供进水和出水用)，将电极插至瓶中间位置，不能触及瓶底，并将电极与仪器接好。

(2)到达采样位置后，在正式采样前，用水样冲洗桶体 2～3 次。采样时，使桶口迎着水流流向浸入水中，水充满桶后，应迅速将桶提出水面。

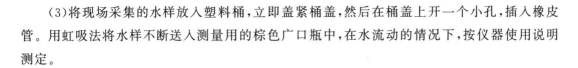

(3)将现场采集的水样放入塑料桶,立即盖紧桶盖,然后在桶盖上开一个小孔,插入橡皮管。用虹吸法将水样不断送入测量用的棕色广口瓶中,在水流动的情况下,按仪器使用说明测定。

4.数据及计算

记录下现场测定的数据,记录用 pH 计测得的 E_{obs} 和用温度计测得的温度。

$$E_h = E_{obs} + E_{ref}$$

式中:E_h 表示相对氢电极的氧化还原电位(mv);E_{obs} 表示所用参比电极实测的氧化还原电位(mv);E_{ref} 表示实测时所用参比电极的氧化还原电位(mv)。

5.注意事项

(1)采样时要防止采样现场大气中降尘带来的污染,采集微生物、生物样品应注意瓶口绝不能暴露在空气中。

(2)采样时应避免剧烈搅动水体,任何时候都要避免搅动底质。用采水塑料桶或样品瓶人工直接采集水体表层水样时,采样容器的口部应该迎着水流流向。

(3)采样时,必须同时有两个以上人员进行操作,以防意外事故发生。使用采水工具和操作设备的人员必须佩戴相对应的手套。使用化学药品和试剂时,必须严格遵守化学药品的安全使用规则。

五、水中溶解氧的测定

1.实验原理

溶解于水中的分子态氧称为溶解氧。水中溶解氧的含量与大气压力、水温及含盐量等因素有关。大气压力下降、水温升高、含盐量增加,都会导致溶解氧含量降低。

一般规定水体中的溶解氧浓度在 4mg/L 以上。在废水生化处理过程中,溶解氧也是一项重要的控制指标。

测定水中溶解氧的方法有碘量法、修正法和氧电极法。可用碘量法测定清洁水,必须用修正的碘量法或氧电极法测定受污染的地面水和工业废水。

水样中加入硫酸锰和碱性碘化钾,在溶解氧的作用下,二者发生化学反应生成氢氧化锰沉淀,此时氢氧化锰性质极不稳定,继续氧化生成锰酸。

$$MnSO_4 + 2NaOH \!=\!=\! Mn(OH)_2 \downarrow + Na_2SO_4$$

$$2Mn(OH)_2 \downarrow + O_2 \!=\!=\! 2H_2MnO_3 \downarrow$$

$$H_2MnO_3 + Mn(OH)_2 \!=\!=\! 2H_2O + Mn_2O_3 \downarrow$$

溶解氧越多,棕黄色沉淀颜色越深。加浓硫酸后,已经化合的溶解氧(以 Mn_2O_3 的形式存在)与溶液中所存在的碘化钾起氧化作用而释出碘。

$$2KI + H_2SO_4(浓) \!=\!\!=\!\! 2HI + K_2SO_4$$

$$Mn_2O_3 + 2H_2SO_4(浓) + 2HI \!=\!\!=\!\! 2MnSO_4 + I_2 + 3H_2O$$

以淀粉作指示剂,用硫代硫酸钠标准溶液滴定,可以计算出水样中溶解氧含量,滴定反应为

$$2Na_2S_2O_3 + I_2 \!=\!\!=\!\! Na_2SO_4 + 2NaI$$

2. 实验仪器

具塞碘量瓶、酸式滴定管、移液管、三角瓶。

3. 试剂

(1)硫酸锰溶液。称取一定量的硫酸锰(480g 的 $MnSO_4 \cdot 4H_2O$ 或 364g 的 $MnSO_4 \cdot H_2O$)溶于水,用水稀释至 1000mL。将此溶液加至酸化过的碘化钾溶液中,溶液遇淀粉不呈蓝色。

(2)碱性碘化钾溶液。称取 500g 氢氧化钠溶于 300~400mL 水中,另称取 150g 碘化钾(或 135g 碘化钠)溶于 200mL 水中,待氢氧化钠溶液冷却后,将两溶液混合均匀,用水稀释至 1000mL。如有沉淀,则放置过夜后,倾倒出上清液,贮存于棕色瓶中。用橡皮塞塞紧,避光保存;此溶液酸化后,遇淀粉应不呈蓝色。

(3)浓硫酸。

(4)(1+5)[①]硫酸溶液。

(5)1%淀粉溶液。称取 1g 可溶性淀粉,用少量水调成糊状,再用刚煮沸的水冲稀至 100mL。冷却后,加入 0.1g 水杨酸或 0.4g 氯化锌防腐。

(6)$c(1/6K_2Cr_2O_7) = 0.025\,0mol/L$ 的重铬酸钾标准溶液。称取于 105~110℃烘干 2h 并冷却的重铬酸钾 1.225 8g,溶于水,移入 1000mL 容量瓶中,用水稀释至刻线,摇匀。

(7)硫代硫酸钠溶液。称取 6.2g 硫代硫酸钠($Na_2S_2O_3 \cdot 5H_2O$)溶于煮沸放冷的水中,加入 0.2g 碳酸钠,用水稀释至 1000mL,贮存于棕色瓶中。使用前用浓度为 0.025 0mol/L 重铬酸钾标准溶液标定,标定方法如下:于 250mL 碘量瓶中,加入 100mL 水和 1g 碘化钾,加入 10.00mL 浓度为 0.025 0mol/L 重铬酸钾标准溶液、5mL(1+5)硫酸溶液,密塞、摇匀。此时反应为

$$K_2Cr_2O_7 + 6KI + 7H_2SO_4 \!=\!\!=\!\! 4K_2SO_4 + 3I_2 + Cr_2(SO_4)_3 + 7H_2O$$

$$I_2 + 2NaS_2O_3 \!=\!\!=\!\! 2NaI + Na_2S_4O_6$$

将溶液于暗处静置 5min 后,用待标定的硫代硫酸钠溶液滴定至溶液呈淡黄色,加入 1mL 淀粉指示剂,继续滴定至蓝色刚好褪去为止。记录用量 V,则硫代硫酸钠的浓度为

$$c(1/2\,Na_2S_2O_3) = \frac{10 \times 0.025\,0}{V}$$

---

① 本书中两种液体相混合的试剂,以(溶质体积+溶剂体积)的形式表示二者体积比。例如(1+5)硫酸,系指 1 体积浓硫酸与 5 体积水相混溶。

4. 实验步骤

1)水样采集

对于人不易下去的深井、废水池及地下水域,需要根据要求来选择取样容器,对于管路、明渠及地表可直接用溶解氧瓶采集水样。采集水样时,不能使水样曝气或有气泡残存在采样瓶中。可用水样冲洗溶解氧瓶后,沿瓶壁直接倾注水样或用虹吸法将细管插入溶解氧瓶底部,注入水样至溢流出瓶容积的1/3~1/2。水样采集后,为防止溶解氧含量变化,应立即加固定剂于水样中,并存于冷暗处,同时记录水温和大气压力。

2)水样测定

(1)溶解氧的固定。将吸管插入溶解氧瓶的液面下,加入 1mL 硫酸锰溶液、2mL 碱性碘化钾溶液,盖好瓶塞,颠倒混合数次,静置。待棕色沉淀物沉至瓶内一半时,再颠倒混合一次,待沉淀物下降到瓶底。一般均在取样现场固定。

(2)溶解。打开瓶塞,立即将吸管插入液面下,加入 2.0mL 浓硫酸。小心地盖好瓶塞,颠倒混合摇匀,至沉淀物全部溶解为止(若沉淀溶解不完,应再补加浓硫酸),放置暗处 5min。

(3)滴定。吸取 100.0mL 上述溶液于 250mL 锥形瓶中,用硫代硫酸钠溶液滴定至溶液呈淡黄色,加入 1mL 淀粉溶液,继续滴定至蓝色刚好褪去为止,记录硫代硫酸钠溶液的用量。

5. 数据及计算

$$c_{O_2} = \frac{V_1 \times c \times 8 \times 1000}{V_{\text{sample}}}$$

式中:V_1 表示滴定时消耗硫代硫酸钠溶液体积(mL);c 表示硫代硫酸钠浓度(mol/L);V_{sample} 表示水样的体积(mL)。

6. 注意事项

(1)水样中含有氧化物质(如游离氨大于 0.1mg/L 时),应预先加入相当量的硫代硫酸钠去除氧化物质,即用两个溶解氧瓶各取一瓶水样,在其中一瓶加入 5mL(1+5)硫酸和 1g 碘化钾,摇匀,此时游离出碘离子,以淀粉作为指示剂,用硫代硫酸钠溶液滴定至蓝色刚好褪去,记下用量。于另一瓶水样中,加入等量的硫代硫酸钠溶液,摇匀后,按上述步骤进行溶解氧的固定和测定。

(2)水样中若含有大量悬浮物,由于吸附作用要消耗较多的碘而会干扰测定,可在采样瓶中将吸管插入液面下,加入 1mL 浓度为 10% 的明矾(KAl(SO_4)_2 · 12H_2O)溶液,再加入 1~2mL 浓氨水,盖好瓶塞,颠倒混合,放置 10min 后,将上清液虹吸至溶解氧瓶中,进行溶解氧的固定和测定。

(3)水样中若含有较多亚硝酸盐氮和亚铁离子,由于它们的还原作用而会干扰测定,可采用叠氮化钠修正法进行溶解氧的测定。

六、水样中重碳酸根的测定

1. 实验原理

用标准盐酸溶液滴定水样时,若以酚酞作指示剂,滴定到等当点时,溶液的 pH＝8.3,此时消耗的盐酸量仅相当于碳酸盐量的一半。当再向溶液中加入甲基橙指示剂,继续滴定到化学计量点时,溶液的 pH＝4.4,这时所滴定的是由碳酸盐所转变的重碳酸盐和水样中原有的重碳酸盐的总和,根据酚酞和甲基橙指示的达到两次终点时所消耗的盐酸标准溶液的体积,即可分别计算碳酸盐和重碳酸盐的含量。

2. 实验步骤

取 50mL 水样放入 250mL 三角瓶中,加入 4 滴酚酞指示剂,若出现红色,则用盐酸标准溶液滴定到溶液红色刚刚消失为止,记录消耗盐酸标准溶液的体积 V_1(mL)。

在此无色溶液中再加入 2 滴甲基橙指示剂,继续以盐酸标准溶液滴定到溶液由黄色突变为橙红色,记录此时盐酸标准溶液的消耗量 V_2(mL)。

3. 数据及计算

$$c_{CO_3^{2-}} = \frac{2 \times V_1 \times c_{HCl} \times 30.01 \times 1000}{V_{sample}}$$

$$c_{HCO_3^-} = \frac{(V_2 - V_1) \times c_{HCl} \times 61.02 \times 1000}{V_{sample}}$$

式中:c 表示盐酸的标准溶液浓度(mg/L);V_{sample} 表示水样的体积(mL)。

在计算中有下述 3 种情况:①$V_1 = V_2$,无 HCO_3,仅有 CO_3^{2-};②$V_1 < V_2$,HCO_3^-、CO_3^{2-} 共存;③$V_1 = 0$,无 CO_3^{2-},仅有 HCO_3^-。

第三节 水样的采集及预处理

一、常规水样采集与预处理

1. 水样类型

(1)瞬时水样。瞬时水样指在某一时间和地点从水体中随机采集的分散水样。当水体水质稳定,或其组分在相当长的时间或相当大的空间范围内变化不大时,瞬时水样具有很好的代表性;当水体组分及含量随时间和空间变化时,就应隔时、多点采集瞬时水样,分别进行分析,摸清水质的变化规律。

(2)混合水样。混合水样指在同一采样点于不同时间所采集的瞬时水样的混合水样,有时称"时间混合水样",以与其他混合水样相区别。这种水样在观察某些组分平均浓度时非常有用,但不适用于被测组分在储存过程中会发生明显变化的水样。

如果水的流量随时间变化,必须采集流量比例混合水样,即在不同时间依照流量大小按比例采集混合水样。可使用专用流量比例采样器采集这种水样。

(3)综合水样。将在不同采样点同时采集的各个瞬时水样混合后所得到的样品称为综合水样。这种水样在某些情况下更具有实际意义。例如,当为几条排污河、渠建立综合处理厂时,以综合水样取得的水质参数作为设计的依据更为合理。

2. 布点方法

1)采样断面布设

采样断面布设方法分为断面布设法和多断面布设法。对于江河水系,应在污染源的上、中、下游布设 3 个采样断面。其中,上游断面为对照、清洁断面,中游断面为检测断面(或称污染断面),下游断面为结果断面(或称削减断面)。对于湖泊、水库,应在入口和出口布设 2 个检测断面。对于城市或大工业区的取水口上游,可布设 1 个检测断面。

2)采样点布设

(1)河流:在每个采样断面上,可根据分析测定的目的、水面宽度和水流情况,沿河宽方向布设 1~5 条采样垂线,再在河深方向布设一个或若干个采样点。一般采样点布设在水面下 0.2~0.5m 处。还可根据需要,在平面采样点的垂线上分别采集表面水样(水面下 0.5~1m)、深水水样(距底质以上 0.5~1m)和中层水样(表层和深层采样点之间的中心位置处)。

(2)地下水:布点通常与抽水点相一致。如做污染调查时,应尽量利用现有的钻孔进行布点,有特殊需要时另行布点。

(3)工业废水和生活污水:工业废水采样应在总排放口、车间或工段的排放口布点。生活污水采样点应在排出口,如考虑废水或污水处理设备的处理效果,应在进水口和出水口处布点。

(4)湖泊、水库:在进出湖泊、水库的河流汇合处设置检测断面布点;也可以各功能区(如城市和工厂的排污口、饮用水源区、风景游览区、排灌站等)为中心,在其辐射线上布点,即弧形监测布点法;或在湖库中心、深、浅水区,滞流区,不同鱼类的洄游产卵区,水生生物经济区布点;还可以将湖泊、水库划分为若干方块,在每个方块内布点。

(5)给水管网:应在出水口、用户龙头或污染物有可能进入管网的地方布点。

3. 水样的采集

1)采样前的准备

采样前,要根据监测项目的性质和采样方法的要求,选择适宜材质的盛水容器和采样器,并清洗干净。此外,还需准备好交通工具。交通工具常为船只。对采样器的材质要求是化学性能稳定、大小和形状适宜、不吸附待测组分、容易清洗并可反复使用。

2)采样方法

采集水样前,应用水样冲洗采样瓶 2~3 次,采集水样时,水面与瓶塞距离大于 2cm。

当采集自来水和具有抽水机设备的井水时,应先放水数分钟,将保留在水管中的杂质洗出去,然后再采集。

当采集无抽水设备的井水时,可用采样瓶直接采样,或将水桶冲洗干净后采样,再将水桶中的水样装入瓶中。

当采集江河湖泊或海洋表面水样时,将采样瓶浸入水面下 20~50cm,采样点距岸边的距离为 1~2cm。

采集污染源调查水样时,要考虑在整个流域布点采样,特别是生活污水和工业废水的入河总排放口。

3)注意事项

(1)采样时不要摇动水底部的沉降物。

(2)采样时应保证采样点的位置准确,必要时使用定位仪定位。

(3)认真填写"水质采样记录表",用签字笔或硬质铅笔在现场进行记录。

(4)保证采样按时、准确、安全。

(5)采样结束前,应核对采样计划、记录和水样,如有错误或遗漏,应立即补采或重采。

(6)如采样现场水体很不均匀,无法采到具有代表性的样品,应详细记录不均匀情况和实际采样情况,供使用该数据者参考,并将现场情况向环境保护行政主管部门反映。

(7)对测定油类的水样,应在水面至水面下 300mm 采集柱状水样,并单独采样,采集的样品全部用于测定。不能用采集的水样冲洗采样瓶。

(8)采集测定溶解氧、生化需氧量和有机污染物等项目的水样时,必须将水样注满容器,不留空间,并用水封口。

(9)如果水样中含有沉降性固体,则应先进行分离除去。分离方法为将所采集的水样摇匀后倒入筒形玻璃容器(如 1~2L 量筒),静置 30min,将已不含沉降性固体但含有悬浮性固体的水样移入盛样容器,并加入保存剂。测定总悬浮物和油类水样时除外。

(10)采集测定湖库水化学需氧量、高锰酸盐指数、叶绿素 a、总氮、总磷的水样时,在静置 30min 后,用吸管一次或分几次移取水样,吸管进水尖嘴应插至水样表层 50mm 以下的位置,移取结束后再加入保存剂保存水样。

4. 水样的预处理

(1)过滤:水样浑浊会影响分析结果,用适当孔径的过滤器可以有效地除去藻类和细菌,过滤后的样品稳定性更好。一般来说,可以用静置、离心、过滤等措施分离悬浮物。以孔径为 $0.45\mu m$ 的滤膜区分可过滤态与不可过滤态物质。

(2)浓缩:如果水样中被分析组分含量较低,可通过蒸发、溶剂萃取或离子交换等措施将水样浓缩后再进行分析。

(3)蒸馏:在测定水中的氰化物、氟化物、酚类化合物时,在适当的条件下可通过蒸馏将它们蒸出后再测定,将共存干扰物质残留在蒸馏液中,从而消除干扰。

(4)消解。

(a)酸性消解:当水样中同时存在无机结合态和有机结合态的金属离子时使用酸性消解,经过强烈的化学作用,使金属离子释放出来再进行测定。

（b）干式消解：进行金属离子测定时，通过高温灼烧去除有机物，将灼烧后的残渣用硝酸或盐酸溶解，溶液滤于容量瓶中再进行测定。

（c）改变价态消解：测定水样中的总汞时，在加强酸和加热条件下用高锰酸钾和过硫酸钾将水样进行改变价态消解，使所含汞全部转化为 Hg^{2+} 后，再进行测定。

二、地热水样采集与预处理

根据不同的分析项目要求进行采样。

1. 原样水样

原样水样指采集后不添加任何保护剂的水样。这类水样可采集在硬质细口磨口玻璃瓶（又称玻璃瓶）或没有添加剂的本色聚乙烯塑料瓶（又称塑料瓶）或桶（又称塑料桶）中，容器容积为 1500～2000mL。可以将瓶置于水面以下灌装或用塑料管或橡胶管引流接至瓶中。瓶口要留出 10mL 左右的空间，然后将瓶密封。测定水中二氧化硅和硼的原样水样必须用塑料瓶采集，采样体积为 200mL。原样水样供测定水中的所有阴离子、绝大部分阳离子，水样的硬度、碱度、固形物、消耗氧、pH 值及其他物理性质。

2. 酸化水样

1）盐酸酸化水样

（1）以两个容积分别为 1500mL 和 500mL 的塑料桶采集水样后，在采样现场分别往水样中加入 5mL 和 3mL（1+1）盐酸，摇匀、密封。该两种水样分别供测定水中铀、镭及微量元素。

（2）总 α、总 β 测定：用容积为 2000～5000mL 塑料桶采样（视矿化度高低决定取样量），每升水样中加入 4mL（1+1）盐酸。

2）硝酸酸化水样

用塑料瓶采样 500mL，加入（1+1）硝酸，使水样含酸 0.2%～0.5%，pH≤2 为宜，供测定金属离子。对温度较高的热水，测定钙、镁离子，以此酸化处理样品为佳。

3. 碱化水样

用容积为 500mL 玻璃瓶采样，在水样中加入 2g 固体氢氧化钠，摇匀，使 pH>11 并尽量在低温条件下保存，于 24h 内送检，供测定酚、氰。

4. 稀释水样

测定中、高温地热井或显示点水样中的二氧化硅时，为防止高浓度二氧化硅的聚合或沉淀，宜在野外现场将水样用无硅蒸馏水作 1∶10 稀释处理，采样体积 50～100mL，塑料瓶口密封。

5. 浓缩萃取水样（不采集）

分析中、高温地热流体中的铝时，样品宜在野外萃取。萃取方法为取 400mL 过滤后的水样置于 500mL 的梨形分液漏斗中,加入 5mL、浓度为 20% 的盐酸羟胺($NH_2OH\text{-}HCl$)溶液,使溶液中的 Fe^{3+} 变为 Fe^{2+},以避免对萃取的干扰。加入 15mL 浓度为 1% 的邻菲啰啉($C_{12}H_8N_2$)溶液,如果水中有 Fe^{2+} 则溶液变成红色(由于生成了邻菲啰啉亚铁),摇匀静置 30min。加入 5mL 浓度为 1% 的 8-羟基喹啉(C_9H_7NO),测溶液的 pH 值,滴加($1+1$)NH_4OH 调整溶液的 pH 值,使溶液由酸性变为碱性,并使溶液 pH 值处于 8~8.5 之间,这时铝的氰合物最稳定。滴入的 NH_4OH 可以先浓后稀,如滴入过量,则再滴加盐酸将 pH 值调节好。之后加入 20mL 甲基异丁基甲酮($C_6H_{12}O$),振摇萃取 1min,静置,使不同液相充分分离后,排去下层溶液,将表层甲基异丁基甲酮溶液装入干燥小瓶密封,该表层溶液代表浓缩了 20 倍的铝待测样品。

6. 现场固定水样(不采集)

(1)测定硫化氢(总硫)的水样。用容积为 50mL 玻璃瓶采样,在水样中加入 10mL 浓度为 20% 醋酸锌溶液和 1mL 浓度为 1mol/L 氢氧化钠溶液,摇匀、密封。对硫化氢含量较低的地热流体可适当加大取样量,减少醋酸锌溶液加入量。

(2)测定汞的水样。可用容积为 100mL 玻璃瓶或塑料瓶采样,加入体积浓度为 1% 硝酸和 0.01% 重铬酸钾,摇匀、密封。

7. 氢气水样

选用预先抽成真空的专用玻璃扩散器,采样时将扩散器置于水下(至少将水平进口管置于水下),打开水平进口管的弹簧夹,至水被吸入 100mL,关闭弹簧夹,记录取样月、日、时、分。如果没有专用扩散器,可选用容积为 500mL 玻璃瓶装满(不留空隙)后密封,同时记下采样的月、日、时、分,立即送实验室测定。

8. 卫生指标

水样要用经灭菌处理的容积为 500mL 广口磨口玻璃瓶采取,采样时不需用水样洗瓶,严防污染。采样后瓶内应略留有空间,及时密封、低温保存,并及时送往卫生防疫站检测。

9. 同位素水样

测定水中放射性同位素氚的水样用容积为 1000mL 玻璃瓶采样为佳,取满水样,不留空隙,密封。测定水中稳定同位素氘和 ^{18}O 的水样,用容积为 50~100mL 玻璃瓶或塑料瓶取满水样,尽量在水面以下加盖密封,不留空隙。

三、同位素测试水样采集与前处理

1. 理论准备及问题分析

环境同位素技术指通过对物质在原子核层次记录的信息的提取和分析来追索物质运动过程。具体地说,该技术就是利用放射性同位素的计时性和稳定同位素的分馏性开展研究工作。在过去的 30 年里,环境同位素技术在测定地下水年龄、测定地下水温度、示踪地下水运动及示踪地下水化学成分等方面都显示出了比常规技术更有效、针对性更强的特点。

要设计好环境同位素技术应用方案,就需要学习环境同位素基本知识及其相关理论,重点掌握其要点和应用的限制条件。例如,学习如何整理资料和掌握溶质运移理论是有益的,收集和分析国内外典型的已有环境同位素研究成果可帮助设计、构思,对拟解决问题区的各种水及地层相关环境同位素资料进行收集、分析是提高应用效率和工作质量的重要步骤,且有助于对具体方法的选择。

针对具体问题来做方案设计。一般来说,研究问题越明确应用效果就越好。对拟解决问题进行分析,应努力寻找常规方法难以解决问题的根本原因或给出待解决问题的几种可能结论,进而提出几种基本推测,概化出几种模式,并反复比较这些模式的差异(矛盾焦点)。例如,确定地下水补给面积时,可根据地形、地貌条件,地质、水文地质条件提出几种基本看法或推测模式,为设计提供设想依据。根据这些基本看法或推测模式来部署设计方案,要重视对基础地质条件的分析,应时刻牢记我们要解决的是水文地质问题。

2. 环境同位素方法选择

目前,我国地下水年龄测定时使用最多的环境同位素有 ^3H、^{14}C 两种放射性同位素。一般来说,用 ^3H 可测定 1952 年以来补给水的年龄,而用 ^{14}C 可测定 3 万年以来形成的地下水年龄。有些模型年龄或平均滞留时间所确定的范围这里不推荐。在大平原深层水的研究中可选择 ^{14}C 和 ^{35}Cl 相结合的方法。

对测定地下水温度来说,研究者可根据温度可能的变化范围和特点,选择适当的同位素温度计。研究地下水运动,可选择水的氢氧同位素;而研究地下水化学成分的形成(包括地下水污染调查),需要选择水的氢氧同位素和相关溶解盐元素的同位素。例如,对水中硫酸盐的形成进行研究,即可选择硫酸盐的硫同位素为研究对象。研究地表水与地下水相互作用可选择氢氧稳定同位素及其相关元素的同位素,需要具体问题具体分析,根据具体情况进行选择。

国内外的研究经验表明,处于同一水体系中的共生同位素往往可提供水体系演化的统一的具有内在联系的规律性信息,可明显增强应用研究效果。因此,对于复杂问题,在选择解决方法时,经常将多种同位素联合运用。常用的同位素组合有:D 和 ^{18}O 组合、^{13}C 和 ^{14}C 组合、^3H 和 ^{14}C 组合等。已有的研究工作表明,同位素与水化学配套平行取样的方法,往往可以提供互补信息。

3. 采样点线的布置与时间安排

在理论分析可行的前提下,根据具体问题要求,设计经济上可行且可操作的取样方案。

(1)取样点的代表性直接影响结果的准确性。例如,雨水样的分析结果往往随季节变化特点较明显,其数值有时相差 1～2 个数量级。为了分析地下水的补给问题,仅收集一次降水或少量几次降水,代表性就较差。一般应收集全月降水,取混合样,也就是降雨量的加权值对地下水研究更有用。为对地区性"雨水线"进行统计研究,要尽可能考虑取样点对关键高程点的控制。在初期或资料较少的情况下,可对浅层地下水化验结果进行统计分析,亦可对一些小泉水样的分析结果进行统计。地下水样品的代表性问题更重要。一般来说,沿地下水流向所采的水样、同点不同深度所采的水样及同点不同时间所采的水样都具有较好的可对比性。结合地下水的动态变化设计水样采样方法有利于解决地下水样品的代表性问题。

（2）取样点的密度不仅取决于区域同位素地球化学条件，而且取决于研究问题的程度和阶段，同时还受到同位素分析方法，以及同位素分布统计规律及经济条件的制约。对于区域水文地质调查来说，世界降水同位素资料和全国大气降水同位素分析资料都是确定取样点密度的参考依据。而根据分析结果总结出的高程效应、纬度效应、大陆效应、温度效应和雨量效应等可作为设计取样点空间分布密度和时间间隔的依据。将具体同位素分析方法及其同位素分布的统计规律有机结合，可使取样密度接近最佳值，对大、中比例尺的调查或研究点上的工作，应尽可能采用定深取样技术。例如，在矿区地下水的调查中，可在不同开采水平、不同出水点取样，实践证明，这样的取样方法可收到良好的效果。

（3）点、线的布置形式。采样点往往呈线状（剖面线）布置，一般平行于地下水流向或垂直于地表水体走向。通常沿地下水流线或在同一含水层或在同一剖面线相同深度所采的样品利于比较。解决小比例尺区域水文地质问题，往往采用网状布控取样点的方法。

（4）取样的时间间隔取决于待分析水样的类型。一般来说，对松散孔隙地下水和坚硬岩石裂隙水（不包括岩溶水），一年取一次样即可。系列样有利于排除抽水干扰及降低因抽水所造成的误差。对具有明显季节性变化的取样点，可有选择地取丰、枯季对比样。对随季节变化较大的岩溶水取样点，建议每个月采一次样或每个季度采一次样，且一直坚持 1～3 年。对大型岩溶水盆地，通常需要开展 3～5 年的采样分析，才能得出较可靠的结论。根据我国情况，对有明显动态变化的岩溶水，至少应取丰、枯两季对比样。值得注意的是，我国北方岩溶水具有明显的动态滞后特点，相应地应按涨落情况安排采样时间。在某些小河流、小水库、小湖泊、小泉点以及浅层地下水等地采样时要考虑季节变化特点。

（5）采样点的布置应注重系统性，包括不同水样品的对应性、不同同位素的匹配性，同位素和水化学分析与现场易变物理化学指标测定平行进行。同时还应注意采样点的布置应与将来资料的解释方法相配套，与项目总体要求相适应。

4. 常用环境同位素分析水样采集

1）野外采样准备

根据设计及技术要求采集同位素分析样品。为了确保样品质量，在野外样品采集时应确保代表性水样同位素成分不发生分馏。大多数同位素分馏是在水样采集、运输、保存过程中，由蒸发或扩散引起的，可通过科学的采样方法和质量可靠的水样瓶来减小这种影响。通常情况下，野外采样应建立在相应的室内研究基础之上。对降水样品，应研究气象及变化图、气团运移方向等气象数据；对地表水样品，应研究更新速率及其变化；对各类地下水样品，应研究其地质条件及钻孔资料等。

2）不同水样采集技术要求

（1）降水（雨和雪）样品的采集。

降水样品的采集通常遵照科学的取样程序来进行。例如，取样时间间隔可按天、星期、月来计算。在任何情况下，采样者都需要记录降水量，以便于计算同位素成分的月、年加权平均值。

降水样品的采集和保存方式是测试能否获得最多信息和存储过程能否保持最少蒸发量的关键。不同的样品可保存在不同的采样瓶中。当仅需要测定每月降雨的平均成分时，每天采集的样品可以集中装在一个 5L 或更大的存贮瓶（或桶）中。按周或月采集的水样，所收集的标准体积的水有蒸发的可能。因此，同位素成分有可能被改变。可采取一定的预防措施来减小这种影响，包括雨量计的物理修正和在采样瓶底部加少许矿物油（加入高度最少为2mm）加以保护，这些油将浮在所采降水样品的上部以减小蒸发量，并要求对所使用方法的效果进行定期检查。

用雨量计采取雪样应特别注意，雪样应在降雪后最短时间内采集，升华、重结晶、部分融化、降雨落在降雪上以及由于风吹使降雪扰动都会改变降雪最初的同位素含量。通常雪样是通过水浴加热采样器或加入一定量的热水来融化的，这样会导致雪样在蒸发或加热时水蒸气凝结到雪水中，从而改变同位素成分。在这种情况下该样品不能用于同位素比值测试。可行的方法是把密封的采样器放在环境温度下让雪样慢慢融化，将融化样装瓶密封用于分析。

（2）地表水样品的采集。

一般来说，采集地表水样分析稳定同位素时，除去要注意水样的蒸发和污染外，若取样设备和经费允许，湖水样应在近水面位置和深部同时采集。根据水体垂向上的结构并结合其他的物理和化学资料，便可解释其测试结果。

河、溪水样应在河流中间或其流动部分中采集。没有与流动河水充分混合的水样就可能受蒸发、污染等影响，进而影响样品的代表性，因此应避免靠近岸边采集滞留水样。

在河流交汇处取样应特别注意两条河流的河水不完全混合将导致在交汇处下游一定距离内河水样品的同位素比值是一个变值。可用经验关系式计算河、溪交汇处下游水混合长度，以确定取样位置，对于大型河流其混合长度可达数十千米。

水库水样要尽可能在水库中心取样，有条件时应采集剖面样，分析随深度变化的同位素组成。

（3）非饱和带水样品的采集。

土壤水分的 δ^2H 和 $\delta^{16}O$ 剖面分布资料记录了地下水的补给信息。土壤样品不能用取样盒和岩心管来保有和运输，必须用高密度的塑料瓶（袋）密封以避免蒸发。水样可通过下述方法来提取：真空蒸馏、微蒸馏、沸腾蒸馏、压榨法和离心法。也可利用测渗计和土壤水取样器采样。方法的选择取决于土壤的含水量和颗粒大小，注意：通过离心法、压榨法、测渗计和土壤水取样器方法提取的水样可以用于化学和同位素分析，而真空蒸馏提取的是纯水，只能用于同位素分析。

（4）地下水样的采集。

采集地下水样时，应尽可能地描述钻孔水文地质条件，充分利用地球物理、地球化学研究成果及钻井记录资料。这些信息可用来确定含水层的主要补给特征。

天然泉由于常年流动，是采集地下水样品的理想场所，采样应注意靠近排泄点以避免大气污染和气体逸出。

抽水井和生产井较容易在地表采样，对观测井和侧压管取样则存在一些特殊的问题。钻孔中的静水会蒸发引起同位素成分的变化。采样前应对钻孔抽水进行清洗直至抽出的水量近似等于井筒内水体积的两倍,或者其 E_h、溶解氧、pH 值等达到稳定状态。然而这种常规方法,在一定情况下,由于抽水形成的降落漏斗会接受其他水源的补给,使取得的同位素资料复杂化。

总之,从井中采集样品时应该考虑收集成井(测井、试井和成井)资料,确认井泵类型和放置深度;确定进水带,尽可能排除其他层水的混入;静态井(观测井)在取样前应清洗,在取样过程中,泵或水斗应该尽可能接近花管带;正在使用的供水井不需要清洗,可在井口采集水样,如果在供水系统的某处水龙头采样,必须查明水处理类型以及储水装置。

(5)地热样品的采集。

应从地热田中同时采取蒸气和液相样品,以便于计算蒸气和水的比值。这在已开发的地热田中相对容易,因为已开发的地热田已采用了旋风分离器分离气相和液相,但是在未开发的地热田则较困难。对于热气田的热气需经凝结后再取样,必须确认所有的气体都已凝结。此外,在采取热水样时要特别注意识别泉源,尽可能在泉源附近采样。

第四节　水样的运输与保存

一、水样的运输

样品采集后,除一部分样品供现场测定使用外,大部分要运回实验室进行分析测定。在送回实验室过程中,实验人员应继续保证样品的完整性、代表性,使之不受污染、损坏和丢失,为此必须遵守各项保护措施。

1.采样记录和样品登记

采样时填写好采集记录,采样完成加好固定剂后要填写样品标签。

2.样品的运输管理事项

(1)根据采样记录和样品登记表清点样品,防止差错。

(2)采样瓶要塞紧内、外盖,必要时用封口胶、石蜡封口。

(3)在样品运输过程中应采取防震措施,以免因碰撞而导致样品损失或污染,必要时还需保温,最好将样品装入专用箱内运输。

(4)样品运输时要有专人押运,送到实验室时,接收者与送样者都应在样品登记表上签名,以示负责。

二、水样的保存

1.保存方法

1)冷藏或冷冻

将水样在 4℃冷藏或迅速冷冻,储存于暗处,可抑制生物的活动,减弱物理挥发作用和减

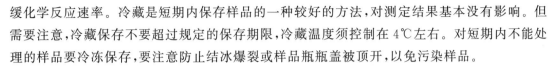

缓化学反应速率。冷藏是短期内保存样品的一种较好的方法,对测定结果基本没有影响。但需要注意,冷藏保存不要超过规定的保存期限,冷藏温度须控制在4℃左右。对短期内不能处理的样品要冷冻保存,要注意防止结冰爆裂或样品瓶瓶盖被顶开,以免污染样品。

2)加入化学保存剂

(1)控制溶液pH值。用于测定金属离子的水样常用硝酸酸化至pH=1~2,这样既可以防止金属离子的水解沉淀,又可以防止金属离子吸附在器壁表面上。同时,pH=1~2的酸性介质可以抑制微生物的活动。用硝酸酸化的方法保存,大多数金属离子可以稳定存在数周甚至数月。用于测定氰化物的水样需要加氢氧化钠调至pH≥9。测定水样中的Cr^{6+}应加氢氧化钠将pH值调至8~9。保存总铬的水样,应加硝酸或硫酸将水样酸化至pH=1~2。

(2)加入抑制剂。为了抑制生物的作用,可在水样中加入抑制剂。如在测定氨氮、硝酸盐氮和化学需氧量时,加入氯化汞或三氯甲烷、甲苯来抑制生物对亚硝酸、硝酸盐、铵盐的氧化还原作用。在测含酚的水样时,用磷酸调节水样的pH值,加入硫酸铜以控制苯酚分解菌的活动。

(3)加入氧化剂。水样中痕量汞易被还原,从而造成汞挥发性损失,加入硝酸-重铬酸钾溶液可使汞维持在高氧化态,汞的稳定性大为改善。

(4)加入还原剂。测定水样中的硫化物时,加入抗坏血酸对保存硫化物有利。含余氯的水样能氧化氰离子,可使酚类、烃类、苯系物氯化生成相应的衍生物,因此在采样时应加入适量的硫代硫酸钠予以还原,以消除余氯的干扰。

水样保存剂(酸、碱或其他试剂)在采样前应进行空白试验,其纯度和等级必须达到分析的要求。

2. 注意事项

水样在保存过程中要注意减缓化学反应速率,防止组分的分解和沉淀的产生;减弱化合物或配位化合物的水解、离解及氧化还原作用;减少组分的挥发和吸附损失;抑制微生物作用。

第五节　水样的管理

样品是从各种水体及各类型水中取得的实物证据和资料,妥善而严格地管理水样是获得可靠监测数据的必要手段。对需要现场测试的参数,如pH值、电导、温度、溶解氧和流量等,根据表进行记录。水样采集后,往往根据不同的分析要求,将水样分成数份,并分别加入保存剂。对每份样品都应附一张完整的水样标签。水样标签的内容可以根据实际情况设计,一般包括采样目的、监测点数目、位置、监测日期、时间、采样人员等。应使用不褪色的墨水填写标签,并将它牢固地贴于盛装水样的容器外壁上。

第四章 水化学指标的化学分析

第一节 水中悬浮性固体的测定

一、实验目的

(1)理解测定水中悬浮性固体的原理和途径。

(2)掌握用滤膜法测定水中悬浮性固体含量的方法。

二、实验原理

水中的悬浮性固体(suspended solids,SS)亦称非可滤性残渣,一般指悬浮的泥沙、硅土、有机物和微生物等难溶于水的胶体或固体微粒,可用滤膜法或石棉坩埚法测定。因悬浮性固体的测定受过滤器孔径的影响较大,所以报出测定结果时,应同时注明测定所采用的方法。本实验采用滤膜过滤、干燥测定地下水中悬浮性固体的方法,该方法适用于地下水中悬浮性固体的测定。实验的具体原理为:用孔径为 $0.45\mu m$ 的滤膜过滤水样,悬浮物沉积在滤膜上,将沉积物于一定温度下烘干后,称量残渣的质量。本方法主要参照《地下水质分析方法 第8部分:悬浮物的测定 重量法》(DZ/T 0064.8—2021)。

三、实验仪器与材料

(1)仪器:电子天平(绝对精度分度值为 0.000 1g)、干燥箱、真空抽滤装置、棉手套。

(2)玻璃仪器:干燥器、玻璃蒸发皿。

(3)其他材料:含滤膜过滤器(滤膜孔径为 $0.45\mu m$)。

四、实验步骤

取合适的小型过滤器以及孔径为 $0.45\mu m$ 的滤膜一张,用去离子水冲洗 3 遍后放入干净的玻璃蒸发皿中。将蒸发皿置于 105~110℃ 干燥箱中烘干 1h,放入干燥器内冷却至室温,用电子天平称量质量,直至质量恒定后再进行下一步操作。

将水样振荡均匀后取 200~500mL(视水样浊度而定),用上述称量过的滤膜过滤水样,用滤膜再过滤去离子水 2~3 次。将滤膜放入原称量过的玻璃蒸发皿中,在 105~110℃ 干燥箱中

烘干 1h,再置于干燥器中冷却、称重,直至质量恒定为止(两次称重结果相差不超过 0.000 4g)。

五、数据记录与处理

水中的悬浮性固体计算式为

$$c_{\text{SS}} = \frac{m_1 - m_2}{V}$$

式中:m_1 表示玻璃蒸发皿、滤膜和悬浮性固体残渣的质量(mg);m_2 表示玻璃蒸发皿和滤膜的质量(mg);V 表示水样体积(L)。

六、注意事项

此实验过程中,滤膜的干燥程度对实验结果影响较大。干燥滤膜过程中,将滤膜和蒸发皿取出称量后,至少需要再放入干燥箱中烘干 2 次,待质量不变后,所称得的质量为最终质量。

七、思考题

(1)在用滤膜过滤水样后,为什么要用滤膜再过滤 2~3 去离子水?有何作用?

(2)过滤水样过程中,滤膜孔径为何选用 0.45μm?

第二节 水中溶解性总固体的测定

一、实验目的

(1)了解水中溶解性总固体的定义。

(2)掌握不同情况下水中溶解性总固体的测定原理和方法。

二、实验原理

溶解性总固体(total dissolved solids,TDS)指溶解在水中的固体(如氯化物、硫酸盐、硝酸盐、重碳酸盐及硅酸盐等)的总量,是水质的一项重要指标。根据水样是否具有永久硬度,将水中的溶解性总固体的测定方法分为 105℃烘干测定法和 180℃烘干测定法。若水样不具有永久硬度,则直接将适量体积的水样在 105℃烘干称重,即得溶解性总固体的质量。一般取样体积以能获得约 100mg 的干渣为宜。本方法主要参照《生活饮用水标准检验方法 感官性状和物理指标》(GB/T 5750.4—2006)。

当水样具有永久硬度时,用 105℃烘干测定法测定溶解性总固体的结果往往偏大。原因是:一方面,在 105℃条件下,水样蒸干时,水样中的钙、镁离子生成硫酸盐或氯化物,钙、镁的硫酸盐所含的结晶水在 105℃不易完全除去;另一方面,钙、镁的氯化物在烘干后具有强烈的吸湿性,在冷却与称重过程中易吸收空气中的水分。为此,在测定溶解性总固体时,先向水样中加入适量的碳酸钠,使钙、镁离子在加热蒸发过程中转化为碳酸盐,残渣在(180±2)℃条件下烘干,结果较为准确。

三、实验仪器与材料

(1)仪器:电子天平(绝对精度分度值为 0.000 1g)、加热板、水浴锅、干燥箱、棉手套。
(2)玻璃仪器:干燥器、移液管(10mL、50mL)。
(3)其他材料:药匙、称量纸、滤膜(孔径为 0.45μm)、瓷蒸发皿。

四、实验试剂

碳酸钠(Na_2CO_3)。

五、实验步骤

1. 105℃烘干测定法

将洗净的蒸发皿放入干燥箱内,在(105±2)℃条件下烘干 1h 后,放入干燥器内,冷却、称重,重复将蒸发皿烘干称重,直至质量恒定。

将水样用孔径为 0.45μm 滤膜过滤,去除悬浮性固体,吸取 30～50mL 样品,放入已干燥至恒重的瓷蒸发皿内。先将蒸发皿置于加热板上蒸发至小体积,再置于水浴上蒸干。将蒸发皿放入干燥箱内,在(105±2)℃条件下烘干 1h,取出蒸发皿,放入干燥器内冷却至室温,称重。重复烘干、称重,直至质量恒定为止(两次称重结果相差不超过 0.000 4g)。

2. 180℃烘干测定法

在洁净的瓷蒸发皿中,加入碳酸钠(Na_2CO_3)0.2～0.3g 后将瓷蒸发皿放入干燥箱内,在(180±2)℃条件下烘干 1h 后,取出蒸发皿放入干燥器内。待蒸发皿冷却至室温后取出称重。重复将蒸发皿烘干、称重,直至质量恒定。

将水样用孔径为 0.45μm 滤膜过滤,以去除悬浮性固体,吸取适量水样放入已干燥完成的蒸发皿内,先在加热板上将水样蒸发至小体积,然后置于水浴上蒸干。拭净蒸发皿外壁,将蒸发皿放入干燥箱内,先在不超过 100℃的温度下烘干 30min,然后在(180±2)℃条件下烘干 1h,取出蒸发皿,放入干燥器中冷却、称重。重复烘干、称重,直至质量恒定为止(两次称重结果相差不超过 0.000 4g)。

六、数据记录与处理

1. 105℃烘干测定法

溶解性总固体(TDS,mg/L)计算式为

$$c_{TDS}=\frac{m_1-m_2}{V}$$

式中:m_1 表示蒸发皿和溶解性固体的总质量(mg);m_2 表示空蒸发皿的质量(mg);V 表示所取

水样的体积(L)。

取不具有永久硬度的、每升含溶解性总固体量为 385mg 的地下水样,用 105℃烘干测定法作 8 次批内测定,标准偏差为 15mg/L,相对标准偏差为 3.9%。

2.180℃烘干测定法

溶解性固体(TDS,mg/L)总量计算式为

$$c_{TDS} = \frac{m_1 - m_2}{V}$$

式中:m_1 表示蒸发皿和溶解性固体的总质量(mg);m_2 表示蒸发皿和碳酸钠的总质量(mg);V 表示所取水样的体积(L)。

取具有永久硬度的、每升含溶解性总固体量为 610mg 的地下水样,用 180℃烘干测定法作 8 次批内测定,标准偏差为 22mg/L,相对标准偏差为 3.6%。

七、注意事项

实验过程中,残渣干燥程度对实验结果影响较大。干燥过程中,将蒸发皿取出称量后,至少需要再放入干燥箱中烘干 2 次,质量不变后,所称得的质量为最终质量。

八、思考题

为何当水样具有永久硬度时,残渣烘干温度需要设定为 180℃?

第三节　水体矿化度的测定

一、实验目的

(1)理解测定水体矿化度的原理和途径。
(2)学会用重量法测定水体矿化度。

二、实验原理

矿化度指水中钙、镁、铁、铝和锰等金属离子的碳酸盐、重碳酸盐、氯化物、硫酸盐、硝酸盐以及各种钠盐等的总含量。水样经过滤去除漂浮物及沉降性固体物后,置于蒸发皿内蒸干并用过氧化氢去除有机物,然后在 105~110℃下烘干至质量恒定,称得的 1L 水样中残渣的质量即为矿化度。本方法主要参照《矿化度的测定(重量法)》(SL 79—1994)。

高矿化度,含有大量钙离子、镁离子、氯化物的样品蒸干后极易吸水,同时硫酸盐结晶水不易除去,这些情况均可使测定结果偏高。通过加入碳酸钠、提高烘干温度和快速称重的方法,可以减小结晶水或吸收水分对测定结果的影响。

三、实验仪器与材料

(1)仪器:电子天平(绝对精度分度值为 0.000 1g)、干燥箱、水浴锅或蒸汽浴锅、棉手套。

(2)玻璃仪器:蒸发皿、直径为 90mm 的玻璃蒸发皿(或瓷蒸发皿)、量筒、容量瓶(100mL、1L、2L)、烧杯(50mL、500mL、1L)、玻璃棒、移液管(1mL、5mL)、干燥器。

(3)其他材料:砂芯玻璃坩埚(G3 号)或中速定量滤纸、药匙、称量纸、滤膜(孔径为 0.45μm)。

四、实验试剂

过氧化氢溶液(1∶1):取一定体积浓度为 30% 的过氧化氢(H_2O_2)溶液与等体积的去离子水混合。

五、实验步骤

(1)将清洗干净的蒸发皿置于 105~110℃ 干燥箱中烘干 2h,放入干燥器中冷却至室温后称重,重复烘干、称重,直至质量恒定为止(两次称重结果相差不超过 0.000 4g)。

(2)取适量水样,用清洁后的玻璃砂芯坩埚或中速定量滤纸过滤后作为试样。

(3)取适量试样(取样量以获得 100mg 总固体为宜),置于已干燥恒重的蒸发皿中,于水浴上蒸干。若蒸干后的残渣有颜色,则待蒸发皿稍冷后,滴加过氧化氢溶液数滴,慢慢旋转蒸发皿至气泡消失。将蒸发皿再置于水浴或蒸汽浴上蒸干,反复数次,直至残渣变白或颜色稳定不变为止。

(4)将蒸发皿置于干燥箱内于 105~110℃ 条件下烘干 2h,置于干燥器中冷却至室温,称重,重复烘干、称重,直至质量恒定为止(两次称重结果相差不超过 0.000 4g)。

六、数据记录与处理

1.水样矿化度计算式

$$c = \frac{W - W_0}{V} + \frac{1}{2} c_1$$

式中:c 表示水样矿化度(mg/L);W 表示蒸发皿及残渣烘干至质量恒定后的总质量(mg);W_0 表示蒸发皿烘干至质量恒定后质量(mg);V 表示水样体积(L);c_1 表示水样中重碳酸根浓度(mg/L)。

2.精密度和准确度

5 个实验室测定矿化度为 1013mg/L 的同一个样品,测得重复性相对标准偏差为 1.06%,再现性相对标准偏差为 1.77%,加标回收率为(98.96±6.16)%,相对误差为 0.16%。

本方法曾用于分析河水(黄河、淮河)、水库水、自来水、湖水、地下水、矿泉水等 15 种样

品,同一样品相对标准偏差为 $0.2\%\sim10\%$,加标回收率为 $92\%\sim109\%$。

七、注意事项

去除有机物时应少量多次添加过氧化氢,每次将残渣润湿即可,以防有机物与过氧化氢作用分解时泡沫过多,导致样品中的盐类损失。

八、思考题

水样矿化度和溶解性总固体的测定方法有何区别? 所测定物质组成有何差异?

第四节　水中碱度、碳酸根离子、重碳酸根离子的测定(酸碱滴定法)

一、实验目的

(1)了解酸度和碱度的基本概念。
(2)掌握用酸碱指示剂滴定法测定酸度和碱度的原理和方法。

二、实验原理

酸度和碱度是衡量水体变化的重要指标,它们是水的综合性特征指标。

酸度指水中能与强碱发生中和作用的物质的总量,这些物质主要来自水样中存在的强酸、弱酸和强酸弱碱盐等。在水中由于溶质的离解或水解而产生氢离子,它们与碱标准溶液作用至一定 pH 值所消耗的量,称为酸度。酸度数值的大小,随所用指示剂指示终点 pH 值的不同而异。根据滴定终点的 pH 值可将酸度分为两种:①用氢氧化钠溶液滴定到 pH 值为 8.3(以酚酞为指示剂)的酸度,称为"酚酞酸度",又称总酸度;②用氢氧化钠溶液滴定到 pH 值为 3.9(以甲基橙为指示剂)的酸度,称为"甲基橙酸度"。

碱度指水中能与强酸发生中和作用的物质的总量,这些物质主要来自水样中存在的碳酸盐、重碳酸盐及氢氧化物等。碱度可用盐酸标准溶液进行滴定。

其反应为

$$CO_3^{2-}+H^+ \Longrightarrow HCO_3^- \qquad pH=8.3$$
$$HCO_3^-+H^+ \Longrightarrow H_2O+CO_2\uparrow \qquad pH=3.9$$
$$OH^-+H^+ \Longrightarrow H_2O \qquad pH=7.0$$

这 3 个反应达到等当点时,具有不同的 pH 值,因此应用不同的指示剂指示滴定终点,如 CO_3^{2-} 与 H^+ 反应,达到滴定终点时 pH 值为 8.3,用酚酞作为指示剂;HCO_3^- 与 H^+ 反应,达到滴定终点时 pH 值为 3.9,用甲基橙作为指示剂;OH^- 与 H^+ 反应,达到滴定终点时 pH 值为 7.0,用酚酞或甲基橙均可。如用酚酞作为指示剂,用酸标准溶液测定水样的酸碱度,即当酚酞变为无色时,水样中的 OH^- 全部被酸中和,而 HCO_3^- 仅被中和了一半(即 $CO_3^{2-} + H^+ \Longrightarrow HCO_3^-$),因此溶液仍呈碱性(酚酞在 pH 值为 8 时变为无色)。如用甲基橙作为指示剂,用酸标准溶液滴定,甲基橙变为橙色时,不仅水中的 OH^- 被酸中和成为 H_2O,CO_3^{2-} 被酸中和成 HCO_3^-,而且此新生成的 HCO_3^- 和原来的水中的 HCO_3^- 进一步被中和成 CO_2 和水。所以当水样中含有上述成分时,由于所用的指示剂不同,测定结果也不同,因此碱度可分为以下两种。

(1)酚酞碱度:酚酞碱度指利用酚酞作为指示剂时测定出的结果。它代表水中含有的全部 OH^- 和 CO_3^{2-}。设此时所消耗的 HCl 的体积为 P mL。

(2)甲基橙碱度:甲基橙碱度指利用甲基橙作为指示剂所测定出的结果。它代表水中所有碱性成分的含量,因此甲基橙碱度又称为总碱度,包括碳酸盐所转变的重碳酸盐和水样中原有重碳酸盐的总和。设此时用去 HCl 的总体积为 M mL。

但水中不可能有以上 3 种碱度成分同时存在的情况,因为 OH^- 和 HCO_3^- 的反应为

$$HCO_3^- + OH^- \Longrightarrow CO_3^{2-} + H_2O \uparrow$$

因此它们在水中的情况有以下 5 种:① HCO_3^- 单独存在;② OH^- 单独存在;③ CO_3^{2-} 单独存在;④ HCO_3^- 与 CO_3^{2-} 共存;⑤ CO_3^{2-} 与 OH^- 共存。在这几种情况下 M 与 P 的关系见表 4-1。

表 4-1　碱度测定中各离子含量与 M、P 的关系

测定结果	滴定 OH^- 用去的 HCl 体积/mL	滴定 CO_3^{2-} 用去的 HCl 体积/mL	滴定 HCO_3^- 用去的 HCl 体积/mL
$P=0$	0	0	M
$P=M$	P	0	0
$P=(1/2)M$	0	$2P$	0
$P<(1/2)M$	0	$2P$	$M-2P$
$P>(1/2)M$	$2P-M$	$2(M-P)$	0

注:(1)M 为甲基橙碱度。

(2)P 为酚酞碱度。

三、实验仪器与材料

(1)仪器:电子天平(绝对精度分度值为 0.000 1g)、干燥箱。

(2)玻璃仪器:酸式滴式管、量筒、容量瓶(100mL、1L)、烧杯(500mL、1L)、玻璃棒、移液管(1mL、25mL)、锥形瓶(250mL)。

(3)其他材料:药匙、称量纸、铁架台(带铁圈)。

四、实验试剂

(1)氢氧化钠标准溶液($c_{NaOH} = 0.050$ mol/L)。

(2)盐酸标准溶液($c_{HCl} = 0.050$ mol/L):量取 4.2mL 浓盐酸与去离子水混合并稀释到 1L,其准确浓度用碳酸钠基准溶液进行标定。

(3)碳酸钠基准溶液($c_{Na_2CO_3}=0.025mol/L$):称取适量无水碳酸钠,经 250℃ 烘干 1h。准确称取烘干后的无水碳酸钠 2.649 7g,溶于适量去离子水中,转移到 1L 容量瓶内,用去离子水稀释至刻线,混匀。

(4)0.05%甲基橙指示剂:称 0.05g 甲基橙溶于 100mL 去离子水中。

(5)0.1%酚酞指示剂:称 0.10g 酚酞溶于 100mL 浓度为 95% 乙醇溶液中。

五、实验步骤

(1)盐酸标准溶液的标定:吸取 0.025mol/L 碳酸钠基准溶液 25.00mL(V_1)置于锥形瓶中,加 3 滴甲基橙指示剂,用盐酸标准溶液滴定,至溶液由橙黄色突变为淡橙红色为止,记录滴定消耗盐酸标准溶液的体积 V_2(mL)。

(2)取 50mL 水样于 250mL 锥形瓶中,加入 4 滴酚酞指示剂,若出现红色,则用盐酸标准溶液滴定到红色刚刚消失,记录消耗盐酸标准溶液的体积 V_3(mL)。此步骤中盐酸被水样中的 OH^- 和碳酸盐消耗。

(3)在上述无色溶液中,再滴入 2 滴甲基橙指示剂,用盐酸标准溶液滴定到溶液由黄色突变为橙红色,记录此时消耗盐酸标准溶液的体积 V_4(mL)。此时,盐酸被样品中所有的重碳酸盐(原有的和步骤(2)中生成的)消耗。

六、数据记录与处理

1.盐酸标准溶液浓度

盐酸标准溶液的浓度计算式为

$$c_{HCl}=\frac{c_{Na_2CO_3}\times V_1\times 2}{V_2}$$

式中:c_{HCl} 表示盐酸标准溶液的浓度(mol/L);$c_{Na_2CO_3}$ 表示碳酸钠基准溶液的浓度(mol/L);V_1 表示吸取碳酸钠基准溶液体积(mL);V_2 表示滴定消耗盐酸标准溶液体积(mL)。

计算得到盐酸标准溶液的浓度为 $c_{HCl}=$ _____ mol/L。

2.水样中酚酞碱度和甲基橙碱度

吸取水样的体积 $V_{sample}=$ _____ mL。

盐酸标准溶液消耗体积记录于表 4-2 中。

表 4-2　盐酸标准溶液消耗体积

用酚酞作指示剂消耗盐酸标准溶液的体积 V_3/mL		用甲基橙作指示剂消耗盐酸标准溶液的体积 V_4/mL	
第一次		第一次	
第二次		第二次	
第三次		第三次	
平均		平均	

$$c_{CO_3^{2-}} = \frac{V_3 \times c_{HCl} \times 60.02 \times 1000}{V_{sample}}$$

$$c_{HCO_3^-} = \frac{(V_4 - V_3) \times c_{HCl} \times 61.02 \times 1000}{V_{sample}}$$

上述两式中：V_{sample} 表示所取水样的体积(mL)；c_{HCl} 表示盐酸标准溶液浓度(mol/L)；60.02 表示 CO_3^{2-} 的摩尔质量；61.02 表示 HCO_3^- 的摩尔质量。

样品在计算时存在下述 3 种情况：①$V_3 = V_4$，无 HCO_3^-，仅有 CO_3^{2-}；②$V_3 < V_4$，CO_3^{2-} 与 HCO_3^- 共存；③$V_3 = 0$，无 CO_3^{2-}，仅有 HCO_3^-。

七、注意事项

水中若含有游离二氧化碳，可使溶解度很小的碳酸钙和碳酸镁转化为重碳酸盐而溶解。

$$CaCO_3 + CO_2 + H_2O \longrightarrow Ca(HCO_3)_2$$

$$MgCO_3 + CO_2 + H_2O \longrightarrow Mg(HCO_3)_2$$

因此，当水中还有过剩的二氧化碳时，能溶解石灰石及混凝土，对地层及水下建筑物有破坏作用，因而此类过剩的二氧化碳被称为侵蚀性二氧化碳。测试侵蚀性二氧化碳时，需要吸取 50mL 新鲜水样放入 250mL 锥形瓶中，加入 0.115g 碳酸钙粉末。使侵蚀性二氧化碳溶解相当量的碳酸钙而被固定下来，生成与侵蚀性二氧化碳含量相当的重碳酸根离子。

$$CaCO_3 + CO_2 + H_2O \longrightarrow Ca^{2+} + 2HCO_3^-$$

滴定前，滴加 2 滴甲基橙指示剂，用盐酸标准溶液滴定 HCO_3^- 到终点时，溶液颜色由黄色变为橙色。记录消耗盐酸标准溶液体积 V_5(mL)。

$$c_{CO_2} = \frac{(V_5 - V_4) \times c_{HCl}}{V_{sample}} \times 1000 \times 22.00$$

当 $V_5 = V_4$ 时，水样不含侵蚀性二氧化碳；当 $V_5 > V_4$ 时，水样中含有侵蚀性二氧化碳。

八、思考题

(1)酚酞碱度和甲基橙碱度为何不同？何种碱度称作总碱度？

(2)计算侵蚀性二氧化碳的含量，为什么要用经碳酸钙粉末处理过的水样测得的碱度减去水样原有的碱度？

(3)天然水为何具有碱度？其形成过程如何？

第五节　水的总硬度、水中钙离子的测定(络合滴定法)

一、实验目的

(1)理解水的硬度含义及其换算方法。

(2)掌握络合滴定法的原理及用乙二胺四乙酸(ethylene diamine tetraacetic acid,EDTA)络合滴定法测定水的硬度的方法。

二、实验原理

水的硬度是指水中 Ca^{2+}、Mg^{2+} 浓度的总和,是水质的重要指标之一。水的总硬度,一般采用络合滴定法测定,用 EDTA 标准溶液直接滴定测定水中 Ca^{2+}、Mg^{2+} 总量,然后将 Ca^{2+} 浓度换算为相应的硬度。在 pH 值为 10 的 $NH_3 \cdot H_2O - NH_4Cl$ 缓冲液中,铬黑 T 与水中的 Ca^{2+}、Mg^{2+} 反应形成紫红色络合物,然后用 EDTA 标准溶液滴定,溶液中游离的 Ca^{2+}、Mg^{2+} 首先与 EDTA 结合,至反应终点时过量的 EDTA 将紫红色络合物中的铬黑 T 置换出来,溶液由紫红色变为亮蓝色,即达到滴定终点。根据 EDTA 标准溶液的浓度和消耗体积,计算水样总硬度。

在 pH>12 时,Mg^{2+} 以 $Mg(OH)_2$ 沉淀形式被掩蔽,加钙指示剂,用 EDTA 标准溶液滴定至溶液由紫红色变为亮蓝色且 30s 不褪色,即达到滴定终点。根据 EDTA 标准溶液的浓度和消耗体积求出水样中 Ca^{2+} 的浓度。

三、实验仪器与材料

(1)仪器:电子天平(绝对精度分度值为 0.000 1g)、干燥箱、电炉等。

(2)玻璃仪器:酸式滴定管(25mL)、锥形瓶(250mL)、烧杯(500mL)、玻璃平皿(用于干燥药品)、量筒(100mL)、移液管(1mL、25mL、50mL)、干燥器、容量瓶(250mL、500mL、1L)、棕色药品瓶、聚乙烯瓶。

(3)其他材料或试剂:药匙、称量纸、40~50 目筛子、盐酸(浓度为 4mol/L)、甲基红指示剂(0.1g 甲基红溶于 100mL 浓度为 60%乙醇溶液)、氨水(浓度为 3mol/L)等。

四、实验试剂

分析中使用的所有试剂纯度均为分析纯,所有水为去离子水。

(1)乙二胺四乙酸二钠(EDTA-2Na)标准溶液($c_{EDTA-2Na}$=10mmol/L):将乙二胺四乙酸二钠二水合物($C_{10}H_{14}N_2O_8Na_2 \cdot 2H_2O$)在 80℃条件下干燥 2h 后置于干燥器中冷却至室温,准确称取 3.725g 干燥后的乙二胺四乙酸二钠二水合物,溶于去离子水。将溶液转移至容量瓶中,定容后盛放在聚乙烯瓶中,定期校对其浓度。

(2)铬黑 T 干粉指示剂:准确称取 0.5g 铬黑 T 干粉与 100g NaCl 充分混合,研磨后通过40~50 目筛子。将混合物盛放在棕色药品瓶中,紧塞瓶塞,可长期使用。

(3)$NH_3 \cdot H_2O - NH_4Cl$ 缓冲液:准确称取 16.9g NH_4Cl,溶于 143mL 浓氨水中,得到溶液 A。另准确称取 0.78g $MgSO_4 \cdot 7H_2O$ 及 1.179g 乙二胺四乙酸二钠二水合物,溶于 50mL去离子水中,加入 2mL A 溶液和 0.2g 铬黑 T 干粉(此时溶液应为紫红色,若为蓝色,应加入极少量 $MgSO_4$ 使溶液呈紫红色)。用乙二胺四乙酸二钠标准溶液滴定至溶液由紫红色变为亮蓝色且 30s 不褪色时,得到溶液 B。将溶液 A 和溶液 B 混合并用去离子水定容至 250mL,

混合后溶液若变为紫红色,在滴定过程中应去除空白干扰。

(4)钙标准溶液($c_{Ca}=10\mathrm{mmol/L}$):将适量 $CaCO_3$ 预先在 $105\sim110℃$ 下干燥 2h,用电子天平准确称取 0.5g 放入 500mL 烧杯中,用少量水润湿。逐滴加入浓度为 4mol/L 盐酸至 $CaCO_3$ 完全溶解。溶液中加入 100mL 水,煮沸数分钟除去 CO_2,冷却至室温。溶液中加入数滴甲基红指示剂,再逐滴加入浓度为 3mol/L 的氨水直至变为橙色。将溶液转移至 500mL 容量瓶中,用去离子水定容。

(5)15%NaOH 溶液:准确称取 15g NaOH 溶于 100mL 蒸馏水中,贮存于塑料瓶中,并拧紧瓶盖。

五、实验步骤

1. EDTA-2Na 溶液准确浓度的标定

在滴定管内加入 EDTA-2Na 标准溶液,读取初始体积。用移液管吸取 25.00mL 钙标准溶液于 250mL 锥形瓶中,加入 25mL 去离子水。再加入 5mL 缓冲液及 0.2g 铬黑 T 干粉,此时溶液应呈紫红色,pH 值应为(10.0±0.1)。为防止产生沉淀,左手应立刻不断振荡锥形瓶,右手自滴定管逐滴加入 EDTA-2Na 标准溶液,开始滴定时速度宜稍快,滴定至溶液由紫红色变为亮蓝色且 30s 不褪色时,读取 EDTA-2Na 标准溶液消耗体积,其准确浓度计算式为

$$c_{\mathrm{EDTA-2Na}}=c_{Ca}\times V_{Ca}/V_{\mathrm{EDTA-2Na}}$$

2. 水样总硬度的测定

先读取滴定管内 EDTA-2Na 标准溶液初始体积。用移液管吸取 50mL 水样(若硬度过大,可取适量水样用去离子水稀释至 50mL,若硬度过小可改取 100mL 水样)于 250mL 锥形瓶中。加入体积为样品体积 5% 的 $NH_3\cdot H_2O\text{-}NH_4Cl$ 缓冲液(如 50mL 水样中加入 2.5mL 缓冲液,100mL 水样中加入 5.0mL 缓冲液)。加入 0.2g 铬黑 T 干粉指示剂,此时溶液应呈紫红色或紫色,pH 值应为(10.0±0.1)。为防止产生沉淀,左手应立刻不断振荡锥形瓶,右手自滴定管逐滴加入 EDTA-2Na 标准溶液,开始滴定时速度宜稍快接近滴定终点时应稍慢,每滴间隔 2～3s,并充分摇匀,至溶液由紫红色逐渐转为蓝紫色,在最后一点紫色消失,刚出现亮蓝色且 30s 不褪色时即为滴定终点(图 4-1),整个滴定过程应在 5min 内完成。记录 EDTA-2Na 标准溶液消耗的体积 V_1。每个水样做 3 次平行实验,并取等水样体积去离子水做空白试验。

紫红色　　　　　　　　　　蓝紫色　　　　　　　　　　深蓝色

图 4-1　滴定过程中溶液的颜色变化

3. 水样中 Ca^{2+} 浓度的测定

用移液管吸取 50mL 水样于 250mL 锥形瓶中,加入 1mL 浓度为 15％NaOH 溶液,加 0.2g铬黑 T 干粉指示剂,然后用 EDTA-2Na 标准溶液滴定,滴定时要充分摇匀,快到滴定终点时速度放缓,当溶液从玫瑰紫红色变为蓝紫色时滴定终止,记录所用 EDTA-2Na 标准溶液的体积 V_2。

六、数据记录与处理

实验结果记录于表4-3中。

表 4-3 实验结果记录表

样品名称	体积	重复1	重复2	重复3
空白样	滴定管初体积/mL			
	滴定管终体积/mL			
	$V_{EDTA-2Na}$/mL			
	重复平均值/mL			
水样总硬度	滴定管初体积/mL			
	滴定管终体积/mL			
	$V_{EDTA-2Na}$/mL			
	重复平均值/mL			
	总硬度/(mmol/L)			
	总硬度/(mg/L,以 $CaCO_3$ 计)			
Ca^{2+} 测定	滴定管初体积/mL			
	滴定管终体积/mL			
	$V_{EDTA-2Na}$/mL			
	重复平均值/mL			
	Ca^{2+} 浓度/(mg/L)			
	Mg^{2+} 浓度/(mg/L)			

$$c_{TH} = \frac{c \times (V_1 - V_0) \times 1000}{V}$$

$$c_{TH}(mg/L,以 CaCO_3 计) = \frac{c \times (V_1 - V_0) \times 100.09 \times 1000}{V}$$

式中:c 表示 EDTA-2Na 标准溶液浓度(mol/L);V_1 表示水样消耗 EDTA-2Na 标准溶液体积(mL);V_0表示空白样品消耗 EDTA-2Na 标准溶液体积(mL);V 为水样的体积(mL);100.09 为碳酸钙的摩尔质量(g/mol)。

$$c_{Ca^{2+}} = \frac{(V_2 - V_0') \times c_{EDTA} \times 40.08 \times 1000}{V}$$

式中：c_{EDTA}表示 EDTA-2Na 标准溶液浓度（mol/L）；V_2表示消耗 EDTA-2Na 标准溶液体积（mL）；V_0'表示空白样品消耗 EDTA-2Na 标准溶液体积（mL）；V表示水样的体积（mL）；40.08表示钙的摩尔质量（g/mol）。

通过计算同一个水样 3 次重复测试获得的 3 个总硬度数据的相对标准偏差（relative standard deviation，RSD），可以检验测试结果的精密度。一般要求同一个样品重复测试的 RSD≥90% 或 95%。

$$RSD = \frac{S}{\bar{x}} \times 100\% = \frac{\sqrt{\frac{\sum_{i=1}^{3}(x_i - \bar{x})^2}{3}}}{\bar{x}} \times 100\%$$

式中：x_i表示第 i 次测试的值；$\bar{x}$表示重复测试数据的平均值；S表示重复测试数据的标准偏差，可以写为 SD。

七、注意事项

(1)当 Ca^{2+} 和 Mg^{2+} 浓度较高时，要预先酸化水样，并加热除去 CO_2，以防碱化后生成碳酸盐沉淀，滴定时不易被转化。

(2)若水样中含有干扰金属离子，使滴定终点延迟或滴定终点的溶液颜色发暗，可另取一份水样，加入 0.5mL 浓度为 10% 的盐酸羟胺溶液（现用现配）、1mL 浓度为 2% 的 Na_2S 溶液（掩蔽 Cu^{2+}、Zn^{2+} 等重金属离子的干扰）、1mL 浓度为 20% 的三乙醇胺溶液（掩蔽 Fe^{3+}、Al^{3+} 等离子的干扰）后再进行滴定。

八、思考题

(1)测定水的硬度时，在缓冲液中加入 $MgSO_4 \cdot 7H_2O$ 和乙二胺四乙酸二钠二水合物盐的作用是什么？对测定有无影响？

(2)配制缓冲液时，若 A、B 两溶液混合后出现紫红色，说明什么？

(3)如何分别求出水样中 Ca^{2+} 和 Mg^{2+} 的浓度？

第六节　水中氯离子的测定（沉淀滴定法）

一、实验目的

(1)掌握用沉淀滴定法测定水中氯离子浓度的原理和方法。

(2)掌握硝酸银标准溶液的配制和标定方法。

二、实验原理

氯离子（Cl^-）是天然水体和废水中常见的无机阴离子。几乎所有的天然水体中都有氯离子存在,它的浓度波动较大。在未受污染或者蒸腾作用较弱的河流、地下水中,氯离子浓度一般较低,而在湖水(尤其是盐湖)和受岩盐溶滤作用影响较大的某些地下水中,浓度可高达数十克每升。氯化物有很重要的生理作用及工业用途。水中氯化物含量较高时,会损害金属管道和建筑物,妨碍动植物的生长。

在中性至碱性范围内(pH=6.5~10.5),以铬酸钾(K_2CrO_4)为指示剂,用硝酸银标准溶液滴定水中的氯化物时,由于氯化银的溶解度小于铬酸银的溶解度,银离子首先将水中的Cl^-完全沉淀出来,然后过量的银离子与铬酸盐反应生成砖红色铬酸银沉淀,滴定到达终点。滴定过程中主要化学反应为

$$Ag^+ + Cl^- \longrightarrow AgCl\downarrow$$
$$2\,Ag^+ + CrO_4^{2-} \longrightarrow Ag_2CrO_4\downarrow(砖红色)$$

三、实验仪器与材料

(1)仪器:马弗炉、电子天平(绝对精度分度值为0.000 1g)、加热板。

(2)玻璃仪器:干燥器、容量瓶(100mL、1L)、棕色试剂瓶(1L)、移液管(1mL、25mL、50mL)、锥形瓶(250mL)、酸式滴定管、烧杯(500mL)。

(3)其他材料或试剂:药匙、称量纸、瓷坩埚、广泛pH试纸。

四、实验试剂

分析中使用的所有试剂纯度均为分析纯,所有水为去离子水。

(1)氯化钠(NaCl)标准溶液($c_{NaCl}=0.014\,1mol/L$(或者$c_{Cl^-}=500mg/L$,以氯计):将氯化钠(NaCl)置于瓷坩埚内,在500~600℃下灼烧50min。在干燥器中冷却后准确称取8.24g,溶于蒸馏水中,在容量瓶中定容至1L,此溶液为NaCl标准溶液母液,浓度为$c_{Cl^-}=5000mg/L$(以氯计)。用移液管吸取10.0mL标准溶液母液在容量瓶中准确稀释至100mL,溶液中Cl^-浓度为500mg/L(以氯计)。

(2)硝酸银($AgNO_3$)标准溶液($c_{AgNO_3}=0.014\,1mol/L$):称取适量$AgNO_3$于干燥箱中105℃烘干半小时,准确称取2.395g,溶于蒸馏水中,在容量瓶中用去离子水定容至1L,溶液储存于棕色试剂瓶中。

(3)铬酸钾(K_2CrO_4)溶液($c=50g/L$,5%):准确称取5g K_2CrO_4,溶于少量去离子水中,滴加硝酸银标准溶液至有砖红色沉淀生成。摇匀,静置12h,过滤,并用去离子水将滤液稀释至100mL。

(4)硫酸(H_2SO_4)溶液($c_{H_2SO_4}=0.025mol/L$):在容积为100mL的烧杯中加入100mL去离子水,取浓度为98%的0.13mL浓硫酸加入水中,混匀待用。

(5)氢氧化钠(NaOH)溶液($c_{NaOH}=0.05mol/L$):准确称取0.2g NaOH溶于100mL去离子水中,待用。

(6)酚酞指示剂:准确称取0.5g酚酞溶于50mL浓度为95%乙醇中,加入50mL去离子水,再滴加浓度为0.05mol/L氢氧化钠溶液使溶液呈微红色。

五、实验步骤

1. 硝酸银标准溶液的标定

用移液管准确吸取 25.00mL NaCl 标准溶液于 250mL 锥形瓶中,加 25mL 去离子水。另取一锥形瓶,量取 50mL 去离子水做空白试验。在两个锥形瓶中各加入 1mL 浓度为 5% 的铬酸钾溶液,左手不断晃动锥形瓶,右手控制滴定管,逐滴加入硝酸银标准溶液,开始滴定时速度宜稍快,接近终点时应稍慢,每滴间隔 2~3s,并充分摇匀,直至砖红色沉淀刚刚出现即为滴定终点。根据 NaCl 标准溶液中 Cl^- 总量和硝酸银标准溶液的消耗体积(扣除去离子水空白试验中所消耗的体积),计算硝酸银标准溶液 Ag^+ 浓度。

2. 水样中 Cl^- 浓度的测定

(1)准确吸取 50.00mL 水样或经过预处理的水样(若 Cl^- 浓度较高,可取适量水用去离子水稀释至 50mL),置于 250mL 锥形瓶中。另取一锥形瓶加入 50.00mL 去离子水,做空白试验。

(2)若水样 pH=6.5~10.5 时,可直接滴定,pH 值超出此范围的水样应以酚酞作指示剂,滴加稀硫酸或氢氧化钠溶液调节至溶液红色刚刚褪去。

(3)加入 1mL 浓度为 5% 铬酸钾溶液,用硝酸银标准溶液滴定至砖红色沉淀刚刚出现(图 4-2),即为滴定终点。每个样品平行重复滴定 3 次,同法做去离子水空白滴定试验。

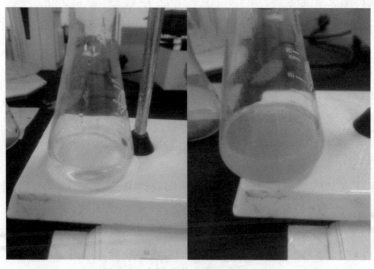

图 4-2 水样由黄色突变为砖红色

注意:铬酸钾在水样中的浓度影响滴定终点的到达,在 50~100mL 溶液中加入 1mL 浓度为 5% 的铬酸钾溶液,使 CrO_4^- 浓度为 $(2.6 \times 10^{-3}) - (5.2 \times 10^{-3})$ mol/L。在到达滴定终点时,硝酸银加入量略过终点,可用空白测定值消除。

六、数据记录与处理

实验结果记录于表 4-4 中。

表 4-4 实验结果记录表

样品名称	体积	重复 1	重复 2	重复 3
空白样	滴定管初体积/mL			
	滴定管终体积/mL			
	V_{AgNO_3}/mL			
	V_1 平均值/mL			
水样	滴定管初体积/mL			
	滴定管终体积/mL			
	V_{AgNO_3}/mL			
	V_2 平均值/mL			

氯离子浓度 c(mg/L)计算式为

$$c = \frac{(V_2 - V_1) \times M \times 35.45 \times 1000}{V}$$

式中:V_1 表示去离子水空白试验所消耗硝酸银标准溶液体积(mL);V_2 表示水样消耗硝酸银标准溶液体积(mL);M 表示硝酸银标准溶液浓度(mol/L);V 表示水样体积(mL)。

七、注意事项

(1)方法适用范围:本法适用于天然水中氯化物的测定,也适用于经过适当稀释的高矿化度水,如咸水、海水等,以及经过预处理除去干扰物的生活污水或工业废水。适用的氯化物浓度范围在 10~50mg/L 之间,大于此范围的水样经过稀释后可扩大其测量范围。氯化物浓度低于 10mg/L 的样品,其滴定终点不易掌握,宜采用离子色谱法。溴离子(Br^-)、碘离子(I^-)和氰离子(CN^-)能与 Cl^- 一起被滴定。正磷酸盐及磷酸盐浓度分别超过 250mg/L 及 25mg/L 时有干扰。铁离子浓度超过 10mg/L 时会使滴定终点现象不明显。

(2)干扰消除方法:若水样浑浊或带有颜色,则取 150mL 水样或取适量水样后用去离子水稀释至 150mL,置于 250mL 锥形瓶中,加入 2mL 氢氧化铝悬浮液,振荡过滤,弃去初滤下的 20mL,用锥形瓶接取滤液备用。如果有机物含量高或色度高,可用马弗炉灰化法预先处理水样。方法为取适量废水样于瓷蒸发皿中,调节 pH 值至 8~9,置于水浴上蒸干,然后放入马弗炉中在 600℃下灼烧 1h,取出冷却后,加入 10mL 蒸馏水,移入 250mL 锥形瓶中,并用蒸馏水清洗 3 次,将液体一并转入锥形瓶中,调节 pH 值到 7 左右,稀释至 50mL。若由于有机质而产生的色度较低,可以加入 2mL 浓度为 0.01mol/L 高锰酸钾溶液,煮沸,再滴加 95% 乙醇以除去多余的高锰酸钾至水样褪色,过滤,滤液储存于锥形瓶中备用。如果水样中含有硫化物、亚硫酸盐或硫代硫酸盐,则加氢氧化钠溶液将水样调至中性或弱碱性,加入 1mL 浓度为

30％过氧化氢,摇匀,1min 后将水样加热至 70～80℃,以除去过量的过氧化氢。

相关试剂制备方法:

高锰酸钾(c_{KMnO_4}=0.002mol/L):准确称取 0.316 1g 高锰酸钾,溶于去离子水中,在容量瓶内定容至 1L。

95％乙醇(C_6H_5OH)溶液:取 95mL 无水乙醇于 100mL 容量瓶中,用去离子水定容至 100mL。

30％过氧化氢(H_2O_2):一般购买的过氧化氢试剂浓度即为 30％。

氢氧化铝悬浮液:溶解 125g 十二水合硫酸铝钾($KAl(SO_4)_2 \cdot 12H_2O$)于 1L 去离子水中,加热至 60℃,然后边搅拌边缓缓加入 55mL 浓氨水,放置约 1h 后,移至容积为 1L 的透明玻璃瓶中,用倾斜法反复洗涤沉淀物,直到洗出液不含氯离子为止。悬浮液用去离子水稀释至 300mL。

八、思考题

(1)硝酸银标准溶液为什么要装在棕色试剂瓶中,并放在暗处保存?

(2)用硝酸银标准溶液滴定样品时,为什么要控制指示剂铬酸钾的加入量?

第七节　水中硫酸根的测定(EDTA 法)

一、实验目的

(1)了解水中硫酸根浓度的测定原理。

(2)掌握用乙二胺四乙酸二钠-钡滴定法测定水中硫酸根浓度的操作和计算方法。

二、实验原理

在微酸性溶液中,加入过量的氯化钡,使硫酸根定量地与钡离子生成硫酸钡沉淀,反应为

$$Ba^{2+} + SO_4^{2-} \Longrightarrow BaSO_4 \downarrow (白色)$$

剩余的钡离子,在 pH=10 条件下,以酸性铬蓝 K-萘酚绿 B 为指示剂,用乙二胺四乙酸二钠溶液滴定,反应为

$$Ba^{2+} + H_2Y^{2-} \Longrightarrow BaY^{2-} + 2H^+ \qquad K=10^{7.78}$$

在滴定过程中,不但过量的钡离子被乙二胺四乙酸二钠所滴定,而且原水样中的钙、镁离子也同时被滴定,因此,在计算中应将水样的总硬度计入。本方法主要参照《地下水质检验方法　乙二胺四乙酸二钠-钡滴定法测定硫酸根》(DZ/T 0064.64—93)。

三、实验仪器与材料

(1)仪器:电子天平(绝对精度分度值为 0.000 1g)、加热板。

（2）玻璃仪器：量筒（100mL）、滴管、移液管（5mL、10mL、50mL）、锥形瓶（250mL）、容量瓶（1L）、酸式滴定管、玻璃棒。

（3）其他材料或试剂：药匙、称量纸、棉手套。

四、实验试剂

分析中使用的所有试剂纯度均为分析纯，所有水为去离子水。

（1）甲基红溶液（$c=0.5g/L$）。

（2）（1+1）盐酸溶液：取等体积的浓盐酸和去离子水在烧杯中混合均匀。

（3）钡镁混合溶液：准确称取 2.44g 氯化钡（$BaCl_2 \cdot 2H_2O$）和 1.02g 氯化镁（$MgCl_2 \cdot 6H_2O$）共溶于去离子水中，稀释至 1L，摇匀。此混合溶液 $BaCl_2$ 浓度为 0.01mol/L，$MgCl_2$ 浓度为 0.005mol/L。

（4）氨性缓冲溶液（pH=10）：准确称取氯化铵（NH_4Cl）67.5g 溶于 200mL 去离子水中，加入氨水（$\rho=0.89g/mL$）570mL，再用去离子水稀释到 1L，摇匀。

（5）酸性铬蓝 K-萘酚绿 B 混合溶液：准确称取 0.2g 酸性铬蓝 K 和 0.5g 萘酚绿 B 共溶于 100mL 去离子水中，摇匀。

（6）乙二胺四乙酸二钠溶液（$c_{EDTA-2Na}=0.01mol/L$）：称取乙二胺四乙酸二钠（$C_{10}H_{24}N_2O_8Na_2 \cdot 2H_2O$）3.72g 溶于去离子水中，将溶液转移至 1L 容量瓶中，用去离子水定容，摇匀。其准确浓度用钙标准溶液（$c_{Ca^{2+}}=0.01mol/L$）标定。

五、实验步骤

（1）吸取水样 50.0mL 于 250mL 锥形瓶中，加入甲基红溶液 1 滴，用（1+1）盐酸溶液滴定至溶液呈红色，再过量滴加 1～2 滴。将试液放在加热板上加热煮沸，趁热加入钡镁混合溶液 10.00mL，边加边摇动。将试液再加热煮沸，并在近沸的温度下保温 1h，取下静置、冷却。向试液中加入 5mL 氨性缓冲溶液，酸性铬蓝 K-萘酚绿 B 混合溶液 3～4 滴，用乙二胺四乙酸二钠溶液滴定到试液呈稳定的蓝色，即达到滴定终点。记录乙二胺四乙酸二钠溶液的消耗体积 V_1（mL）。

（2）吸取同一水样 50mL，加入 5mL 氨性缓冲溶液、酸性铬蓝 K-萘酚绿 B 混合溶液 3～4 滴，用乙二胺四乙酸二钠溶液滴定到终点。记录乙二胺四乙酸二钠溶液的消耗体积 V_2（mL）。

（3）另取不含硫酸根的蒸馏水 50mL，按步骤（1）操作，记录乙二胺四乙酸二钠溶液的消耗体积 V_3（mL）。

六、数据记录与处理

1. 数据计算

硫酸根的质量浓度计算式为

$$c_{SO_4^{2-}} = \frac{c(V_2 + V_3 - V_1) \times 96.06 \times 1000}{V}$$

式中：c 表示乙二胺四乙酸二钠溶液的浓度(mol/L)；V 表示所取水样的体积(mL)；96.06 表示与 1.00mL 乙二胺四乙酸二钠标准溶液($c_{\text{EDTA-2Na}} = 1.00\text{mol/L}$)相当的以毫克表示的硫酸根质量。

2.精密度和准确度

取含钙浓度为 100mg/L、镁浓度为 40mg/L、硫酸根浓度为 120mg/L 的人工合成水样,作 8 次测定,硫酸根的批内相对标准偏差为 1.2‰,相对误差为 1.1%。

29 个实验室分析统一分发的标准样品,硫酸根的相对标准偏差为 1.98%,相对误差为+0.6%。

七、思考题

(1)向水样中加入盐酸的目的是什么?

(2)测定硫酸根浓度时,为何对水样要进行加热煮沸处理?试分析不进行加热水样处理,硫酸根浓度的测试值如何变化。

第八节　水的高锰酸盐指数的测定

高锰酸盐指数指在一定条件下,以高锰酸钾为氧化剂,处理水样时所消耗的高锰酸钾的量,以氧的质量浓度(mg/L,以 O_2 计)来表示。水中的亚硝酸盐、亚铁盐、硫化物等还原性无机物和在此条件下可被氧化的有机物,均可消耗高锰酸钾。因此,高锰酸盐指数常被当作衡量水体受还原性有机物质和/或无机物质污染程度的综合指标。

高锰酸盐指数也被称为化学需氧量的高锰酸钾法。由于在规定条件下,水中有机物只能部分被氧化,易挥发的有机物也不包含在测定范围之内,因此高锰酸盐指数并不是理论上的需氧量,也不能准确反映水体中有机物的总含量。高锰酸盐指数作为一项水质指标,有别于利用重铬酸钾法测得的化学需氧量,更符合客观实际,更适用于表征地表水和饮用水。

一、实验目的

(1)了解水的高锰酸盐指数的定义。

(2)掌握用氧化还原滴定法测定水的高锰酸盐指数的原理和方法。

二、实验原理

水样加入硫酸呈酸性后,再加入一定量的高锰酸钾溶液,并在沸水浴中加热反应一段时间,高锰酸钾将还原类无机物或者将有机物氧化,高锰酸盐与有机物主要发生的反应为

$$4\,MnO_4^- + 5C + 12\,H^+ =\!\!=\!\!= 4\,Mn^{2+} + 5\,CO_2\uparrow + 6\,H_2O$$

剩余的高锰酸钾用过量的草酸钠溶液还原,再用高锰酸钾溶液回滴过量的草酸钠,主要反应过程如下。

$$2\,MnO_4^- + 16\,H^+ + 5\,C_2O_4^{2-} = 2\,Mn^{2+} + 8\,H_2O + 10\,CO_2\uparrow$$

通过计算求出高锰酸盐指数。高锰酸盐指数是一个相对的条件性指标,其测定结果与溶液的酸度、高锰酸盐浓度、加热温度和时间有关。因此,测定时必须严格遵守操作规定,使滴定结果有可比性。

三、实验仪器与材料

(1)仪器:电子天平(绝对精度分度值为 0.000 1g)、加热板、水浴锅、干燥箱、计时器。

(2)玻璃仪器:烧杯(500mL、1L)、棕色试剂瓶(1L)、容量瓶(100mL、1L)、量筒(50mL、100mL)、干燥器、移液管(5mL、10mL)、锥形瓶(250mL)、酸式滴定管(25.00mL)、玻璃棒。

(3)其他材料或试剂:药匙、称量纸、瓷坩埚、广泛 pH 试纸、玻璃珠。

四、实验试剂

分析中使用的所有试剂纯度均为分析纯,所有水为蒸馏水而非去离子水。

(1)高锰酸钾贮备溶液(c_{KMnO_4} = 0.02mo/L):准确称取 3.2g 高锰酸钾溶于 1.2L 水中,加玻璃珠若干,加热煮沸 10min 使体积减小到约 1L,放置过夜,倾出上清液,于棕色试剂瓶中保存。

(2)高锰酸钾溶液(c_{KMnO_4} = 0.002mo/L):吸取 100mL 上述高锰酸钾溶液,用水稀释定容至 1L,储于棕色试剂瓶中。使用当天应进行标定。

(3)(1+3)硫酸:在不断搅拌下将 100mL 浓硫酸沿杯壁缓慢加入到 300mL 的蒸馏水中。配制时趁热滴加高锰酸钾溶液至溶液呈微红色。

(4)草酸钠标准贮备液($c_{Na_2C_2O_4}$ = 0.050mol/L):称取适量草酸钠在 105~110℃ 条件下烘干 1h,冷却后精确称取 0.67g 草酸钠,溶于蒸馏水,移入 100mL 容量瓶中用蒸馏水定容至刻度线。

(5)草酸钠标准溶液($c_{Na_2C_2O_4}$ = 0.005mol/L):吸取 10.00mL 上述草酸钠标准溶液,移入 100mL 容量瓶中,用蒸馏水定容至刻度线。

五、实验步骤

(1)取样前,将样品充分摇动混合均匀,用量筒分别取 100.0mL、50.0mL、20.0mL、10.0mL样品(不足 100.0mL 的用水定容至 100.0mL),置于 250mL 锥形瓶中。

(2)加入 5mL(1+3)硫酸溶液,摇匀。

(3)加入 10.00mL 浓度为 0.002mol/L 高锰酸钾溶液,摇匀,立刻放入沸水浴(98℃)中加热(30±2)min(从水沸腾起计时)。沸水浴溶液液面要高于反应溶液的液面。

(4)从水浴锅中取出锥形瓶,观察各个锥形瓶中溶液颜色,若水样的高锰酸盐指数大于5mg/L,则 100mL 取样锥形瓶中的溶液应为无色,表明水样需要稀释。依次观察其他取样体积的锥形瓶中溶液颜色,根据颜色深浅确定水样的大致稀释倍数。

(5)在上述预实验的基础上,重新取一定体积的水样(V)于 100mL 容量瓶中,用蒸馏水定容至刻线,再倒入 250mL 锥形瓶中。此外,另取 100.0mL 蒸馏水,与水样进行相同的滴定步骤,进行空白试验,记录高锰酸钾溶液消耗量 V_0。

(6)重复上述步骤(2)和步骤(3)的操作。

(7)从水浴锅中取出锥形瓶,趁热加入 10mL 浓度为 0.005mol/L 草酸钠标准溶液,摇匀。立即用 0.002mol/L 高锰酸钾溶液滴定至溶液显微红色,并保持 30s 不褪色,记录高锰酸钾溶液消耗量 V_1。

(8)高锰酸钾溶液浓度的标定:将上述已滴定完毕的溶液准确加入 10mL 草酸钠标准溶液($c_{Na_2C_2O_4}=0.005mol/L$),再加热至约 80℃,用 0.002mol/L 高锰酸钾溶液滴定至溶液显微红色。记录高锰酸钾溶液消耗量 V_2,求得高锰酸钾溶液的校正系数为

$$K=10.00/V_2$$

六、数据记录与处理

1.水样未经稀释

$$c_{Mn}=\frac{\left[(10+V_1)K\times c_1\times 5-10\times c_2\times 2\right]\times 1000\times 32}{4\times 100}$$

式中:V_1 表示滴定水样时,高锰酸钾溶液消耗的体积(mL);K 表示校正系数;c_1 表示高锰酸钾溶液的浓度(mol/L),此处为 0.002mo/L;c_2 表示草酸钠溶液浓度(mol/L),此处为 0.005mo/L;32 表示氧气的摩尔分子质量(g/mol)。

2.水样经过稀释

$$c_{Mn}=\frac{\left\{\left[(10+V_1)\times K\times c_1\times 5-10\times c_2\times 5\right]-\left[(10+V_0)K\times c_1\times 5-10\times c_2\times 5\right]\times f\right\}\times 1000\times 32}{4\times V}$$

式中:V_0 表示空白试验中高锰酸钾溶液消耗量(mL);V 表示实际水样体积(mL);f 表示被稀释水样中蒸馏水的体积百分含量,如 10mL 水样用 90mL 蒸馏水稀释定容至 100mL,则 $f=0.9$。

七、注意事项

(1)水样采集后,应加入硫酸使 pH<2,以抑制微生物活动。应尽快分析测定样品,必要时,应在 1~5℃条件下冷藏保存样品,并在 48h 内测定。

(2)实验用水应该为不含有机物的蒸馏水或同等纯度的水,不得使用去离子水。因为去离子水虽然经过离子交换除去了大部分盐类、碱和游离酸,但不能除去全部有机物,如果使用含有机物的去离子水配制高锰酸钾溶液,会使空白值偏高,从而影响样品的测定结果。

(3)在水浴中加热完毕后,溶液仍保持淡红色,如果颜色变浅或全部褪去,说明高锰酸钾的用量不够。此时,应将水样稀释倍数加大后再测定,加热氧化后残留的高锰酸钾为初始加入量的 1/3~1/2 为宜。

(4)在酸性条件下,草酸钠和高锰酸钾的反应温度应保持在 60~80℃,所以滴定操作必须趁热进行,若溶液温度过低,需适当加热。

(5)本方法适用于饮用水、水源水和地面水高锰酸盐指数的测定,测定范围为 0.5～4.5mg/L,对污染较严重的水(高锰酸盐指数数值超过 5mg/L 时),可酌情少取水样,经稀释后再测定。

(6)酸性法适用于氯离子浓度不超过 300mg/L 的水样,氯离子浓度超过 300mg/L 的水样适用于碱性法。采用氢氧化钠作为介质进行水样处理,使高锰酸钾在碱性介质中氧化样品中的某些有机物及无机还原性物质。吸取 100mL 样品(或适量,用水稀释至 100mL),置于 250mL 锥形瓶中,加入 0.5mL 浓度为 500g/L 的氢氧化钠,摇匀,用滴定管加入 10mL 高锰酸钾溶液,将锥形瓶置于沸水浴中(30±2)min(水浴沸腾开始计时)。取出后,加入(10±0.5)mL (1＋3)硫酸,摇匀,按酸性法步骤进行。

八、思考题

(1)对高锰酸钾溶液浓度进行标定时,为什么不另外单独标定,而要按照实验步骤第(8)步进行?

(2)测定高锰酸盐指数为什么要先加入过量的高锰酸钾,再加入等量的草酸钠标准溶液,最后再用高锰酸钾滴定剩余的草酸钠,而不是直接用草酸钠滴定过量的高锰酸钾?

第九节　水的化学需氧量的测定(重铬酸钾法)

化学需氧量(COD)指在一定条件下,选用一定的强氧化剂处理水样时,所消耗的与氧化剂量相当的氧量,以氧的质量浓度(mg/L,以 O_2 计)来表示。化学需氧量反映了水体受还原性物质污染的程度,水中还原性物质包括有机物、硝酸盐、铁盐、硫化物等。一般有机物为消耗氧化剂的主要成分,因此化学需氧量也可作为衡量水中有机物相对含量的指标之一。水体化学需氧量越大,说明水体受有机物的污染越严重,但它只能反映能被化学氧化剂氧化的有机物污染情况,不能反映多环芳烃、多氯联苯、二噁英类等有机物的污染状况。

水样的化学需氧量数值,可因加入氧化剂的种类及浓度、反应溶液的酸度、反应温度和时间,以及催化剂的有无而不同。因此,水的化学需氧量与水的高锰酸盐指数类似,亦是一个条件性指标,测定时必须严格按操作步骤进行。

目前,COD 测定最普遍的方法是高锰酸钾($KMnO_4$)氧化法与重铬酸钾($K_2Cr_2O_7$)氧化法。高锰酸钾氧化法又称高锰酸盐指数,该方法的氧化率较低,但操作比较简便,在测定水样中有机物含量的相对比较值时可采用(第八节)。重铬酸钾氧化法氧化率高,再现性好,适用于测定水样中有机物的总量。对于高氯废水,化学需氧量的测定方法有碘化钾碱性高锰酸钾法和氯气校正法。通常所说的化学需氧量指的是 COD_{Cr},即重铬酸钾氧化法测得的 COD。

一、实验目的

(1)理解化学需氧量和 COD_{Cr} 的含义与关系,了解化学需氧量测定的不同方法。

(2)掌握用重铬酸钾快速消解法测定水的化学需氧量的原理和方法。

二、实验原理

一定条件下,水样中具有还原性溶解性物质将重铬酸钾中的铬元素从+6价还原为+3价,还原类物质消耗铬元素等毫克当量的氧对应的质量浓度(mg/L)即为样品的COD_{Cr}。COD_{Cr}测定的经典方法是重铬酸钾加热回流法(《水质 化学需氧量的测定 重铬酸盐法》(HJ 828—2017)),该方法是在水样中加入已知量的重铬酸钾溶液,并在强酸介质中以银盐作为催化剂(银盐可使直链脂肪族化合物有效地被氧化),经沸腾回流2h后,重铬酸钾将有机质等还原性物质氧化消解;以亚铁灵作为指示剂,用硫酸亚铁铵滴定水样中未被还原的重铬酸钾,将消耗的硫酸亚铁铵的量换算成消耗氧的质量浓度,反应为

$$2 Cr_2O_7^{2-} + 16 H^+ + 3C \longrightarrow 4 Cr^{3+} + 8 H_2O + 3 CO_2 \uparrow$$

$$Cr_2O_4^{2-} + 14 H^+ + 6 Fe^{2+} \longrightarrow 2 Cr^{3+} + 6 Fe^{3+} + 7 H_2O$$

但该方法耗时较长,也不便于批量操作。后来研究者发现在经典重铬酸钾-硫酸消解体系中加入助催化剂硫酸铝钾与钼酸铵,并使消解过程在加压密封条件下进行,可大大缩短消解时间,重铬酸钾快速消解法由此诞生。测定消解后样品的化学需氧量既可以采用滴定法,亦可采用分光光度法。重铬酸钾快速消解法可以测定地表水、生活污水、工业废水(包括高盐废水)的化学需氧量。因水样的化学需氧量有高有低,在消解时应选择不同浓度的消解液(表4-5)。

表4-5 不同COD_{Cr}水样的消解液浓度

COD_{Cr}/(mg/L)	<50	50~1000	<1000~2500
消解液中重铬酸钾浓度/(mol/L)	0.05	0.2	0.4

此外,COD_{Cr}的测定方法还有库仑法、节能加热法和针对高氯废水的碘化钾碱性高锰酸钾法(《高氯废水 化学需氧量的测定 碘化钾碱性高锰酸钾法》(HJ/T 132—2003))和氯气校正法(《高氯废水 化学需氧量的测定 氯气校正法》(HJ/T 70—2001))等。

三、实验仪器与材料

(1)仪器:电子天平(绝对精度分度值为0.000 1g)、干燥箱、微波消解仪。

(2)玻璃仪器:容量瓶(100mL、500mL、1L)、烧杯(50mL、500mL、1L)、玻璃棒、棕色试剂瓶(100mL)、移液管(1mL、5mL)、锥形瓶(250mL)。

(3)其他材料:药匙、称量纸。

四、实验试剂

除另有说明外,分析中使用的所有试剂纯度为分析纯,所有水为蒸馏水而非去离子水。

(1)重铬酸钾标准溶液($c_{K_2Cr_2O_7}$=0.041 7mol/L):将$K_2Cr_2O_7$于120℃烘干2h,准确称取6.128 8g用少量蒸馏水溶解,移入500mL容量瓶中,用水定容至刻度线,摇匀。此标准溶液用于硫酸亚铁铵标准溶液的标定。

(2)硫酸亚铁铵标准溶液($c_{(NH_4)_2Fe(SO_4)_2 \cdot 6H_2O}$=0.100 0mol/L):准确称取39.2g$(NH_4)_2Fe$

$(SO_4)_2 \cdot 6H_2O$ 于烧杯(500mL)中,加入少许水溶解,用玻璃棒边搅拌边沿烧杯壁缓慢倒入 20.0mL 浓硫酸,冷却后将溶液转移至 1L 容量瓶中,用水定容至刻度线,使用前用重铬酸钾标准溶液标定。

(3)消解液:共配制 3 种不同重铬酸钾浓度的消解液,用于测定不同水样的 COD_{Cr}。准确称取 19.6g 重铬酸钾、50g 硫酸铝钾、10g 钼酸铵,溶解于 500mL 水中,边搅拌边沿烧杯壁缓慢加入 200mL 浓硫酸,溶液冷却后,转移至 1L 容量瓶中,用水定容至刻线,该溶液重铬酸钾浓度约为 0.4mol/L($c_{K_2Cr_2O_7} = 0.4mol/L$)。

此外,按照上述方法配制另外 2 种消解液:准确称取 9.8g 重铬酸钾、50g 硫酸铝钾、10g 钼酸铵,溶解于 500mL 水中,边搅拌边沿杯壁缓慢加入 200mL 浓硫酸,定容至 1L,该溶液重铬酸钾浓度约为 0.2mol/L。准确称取 2.45g 重铬酸钾、50g 硫酸铝钾、10g 钼酸铵,溶解于 500mL 水中,边搅拌边沿杯壁缓慢加入 200mL 浓硫酸,定容至 1L,该溶液重铬酸钾浓度约为 0.05mol/L。

(4)H_2SO_4-Ag_2SO_4 催化剂溶液(1%):准确称取 $10gAg_2SO_4$,溶解于 1000mL 浓硫酸中,放置 2d 溶解,期间摇匀。

(5)试亚铁灵指示剂:准确称取 0.695g $Fe(SO_4)_2 \cdot 7H_2O$ 和 1.485g 一水合邻菲啰啉溶于水中,在容量瓶中定容至 100mL,移至棕色试剂瓶中储存待用。

(6)掩蔽剂:准确称取 10.0g $HgSO_4$,溶解于 100mL 质量分数为 10% 的硫酸溶液中。

五、实验步骤

1. 硫酸亚铁铵的标定

取 10.0mL 重铬酸钾标准溶液($c_{K_2Cr_2O_7} = 0.041\ 7mol/L$),加水约 90mL,再加 30mL H_2SO_4-Ag_2SO_4 催化剂溶液,混匀、冷却。在溶液中加入 3 滴试亚铁灵,用硫酸亚铁铵溶液滴定,溶液由黄色经蓝绿色变为红褐色时即为终点,记硫酸亚铁铵溶液消耗体积为 V。硫酸亚铁铵准确浓度的计算式为

$$c_{(NH_4)_2Fe(SO_4)_2 \cdot 6H_2O} = \frac{10.0 \times 0.041\ 7}{V} \times 6$$

2. 水样的采集与保存

水样采集后,用浓硫酸将水样调至 pH<2,以抑制微生物活动。应尽快分析检测样品,必要时应在 4℃ 条件下冷藏保存样品,并在 48h 内完成测定。

3. 水样的测定

(1)准确吸取 3.00mL 水样,置于 25mL 具密封塞的加热管中,加入 1mL 掩蔽剂,混匀。然后向加热管中加入 3mL 消解液和 5mL H_2SO_4-Ag_2SO_4 催化剂溶液,旋紧密封塞,混匀。

(2)打开微波消解仪电源,待温度达到 165℃ 时,再将加热管放入加热器中,打开计时开关,消解 15min(样品温度达到 165℃ 时开始计时)。取出加热管冷却,将溶液倒入 250mL 锥

形瓶中,用 20mL 蒸馏水少量多次润洗加热管内壁,将润洗液倒入锥形瓶中,加入试亚铁灵指示剂 2 滴,用硫酸亚铁铵标准溶液滴定,溶液由黄色经蓝绿色变为红褐色(30s 不褪色)时达到滴定终点。

4. 空白值的测定

用 3.00mL 蒸馏水代替水样,其他操作与测定水样时相同,做空白试验。

5. 质控样的测定

质控样是由邻苯二甲酸氢钾配制的化学需氧量标准液。质控样的测定结果可以作为样品分析准确性的判断依据。另取 3.00mL 质控样代替水样,其他操作与测定水样时相同。

六、数据记录与处理

1. 实验结果记录

将实验结果记录于表 4-6 中。

表 4-6　水的化学需氧量(COD_{Cr})的测定实验结果记录表

水样类型	空白样	水样	质控样
滴定管初始读数/mL			
滴定管终末读数/mL			
$V_{(NH_4)_2Fe(SO_4)_2 \cdot 6H_2O}$/mL			
COD_{Cr}/(mg/L)			

2. 计算方法

水样的化学需氧量以氧的质量浓度(mg/L)计,计算式为

$$c_{Cr} = \frac{c_{(NH_4)_2Fe(SO_4)_2}(V_0 - V_1) \times 8000}{V}$$

式中:c 表示硫酸亚铁铵标准滴定溶液的浓度(mol/L);V_0 表示空白试验所消耗的硫酸亚铁铵标准滴定溶液的体积(mL);V_1 表示测定水样时所消耗的硫酸亚铁铵标准溶液的体积(mL);V 表示水样的体积(mL);8000 表示 $1/4O_2$ 摩尔质量,以 mg/L 为单位的换算值。

测定结果一般保留 3 位有效数字,对 COD_{Cr} 值小于 50mg/L 的水样,当计算出 COD_{Cr} 值小于 10mg/L 时,应表示为 $COD_{Cr} < 10mg/L$。

七、注意事项

(1)该方法的主要干扰物为氯化物,Cl^- 能被重铬酸盐氧化,并且能与硫酸银作用产生沉淀,影响测定结果,故应在消解前向水样中加入硫酸汞掩蔽剂,与 Cl^- 结合成可溶性的氯汞络

合物,从而消除干扰。

$$Cr_2O_7^{2-} + 14\,H^+ + 6\,Cl^- \longrightarrow 2\,Cr^{3+} + 3\,Cl_2\uparrow + 7\,H_2O$$

$$Hg^{2+} + 4\,Cl^- \longrightarrow [HgCl_4]^{2-}$$

当 Cl^- 浓度超过 1000mg/L 时,COD_{Cr} 的最低允许值为 250mg/L,若低于此值,结果的准确度就无法保证。一般情况下,Cl^- 浓度高于 1000mg/L 的水样应先作定量稀释,使浓度降低至 1000 mg/L 以下,再进行测定。因此测定高氯水样时,一定要先加掩蔽剂再加其他试剂,次序不能颠倒。若出现沉淀,说明掩蔽剂的加入量不够,可适当增加掩蔽剂加入量。掩蔽剂硫酸汞的用量可根据水样中氯离子的含量,按质量比 $m(HgSO_4):m(Cl^-) \geqslant 20:1$ 的比例加入,最大加入量为 2 mL(按照氯离子最大允许浓度 1000 mg/L 计)。水样中氯离子的含量可参照《水质　氯化物的测定　硝酸银滴定法》(GB 11896—1989)或《水质　化学需氧量的测定　重铬酸盐法》(HJ 828—2017)附录 A 进行测定或粗略判定,也可在测定电导率后按照《水质　溶解氧的测定　电化学探头法》(HJ 506—2009)附录 A 进行换算,或参照《海洋监测规范　第 4 部分:海水分析》(GB 17378.4—2007)测定盐度后进行换算。

$$Cr_2O_7^{2-} + 14\,H^+ + 6\,Cl^- \longrightarrow 2\,Cr^{3+} + 3\,Cl_2\uparrow + 7\,H_2O \qquad Hg^{2+} + 4\,Cl^- \longrightarrow [HgCl_4]^{2-}$$

(2)为了提高分析的精密度与准确度,在分析低 COD_{Cr} 水样时,测定用的硫酸亚铁铵标准溶液要进行适当的稀释。本分析方法对于 COD_{Cr} 值为 10mg/L 左右的样品,分析结果的相对标准偏差一般可保持在 10% 左右;对于 COD_{Cr} 值为 5mg/L 左右的样品,仍可用此方法进行分析测定,但分析结果的相对标准偏差会超过 15%。

(3)对于 COD_{Cr} 值为 50mg/L 以上的水样,若经消解后水样为无色,且没有悬浮物,也可以用分光光度法进行测定,操作方法如下。

①标准曲线的绘制:称取 0.852 0g 邻苯二甲酸氢钾(基准试剂),用重蒸馏水溶解后,将溶液转移至 1L 容量瓶中,用重蒸馏水定容至刻度线。此标准储备液 COD_{Cr} 为 1000mg/L。分别取上述标准储备液 0mL、5mL、10mL、20mL、40mL、60mL、80mL 于 100mL 容量瓶中,加水定容至刻度线,可得到 COD_{Cr} 分别为 0mg/L(空白试验)、50mg/L、100mg/L、200mg/L、400mg/L、600mg/L、800mg/L 及原液为 1000mg/L 的标准使用液系列。然后按滴定法操作取样并进行消解。溶液经 165℃消解 15min 后冷却,打开加热管的密封塞,用移液管加入 3.0mL 蒸馏水,盖好密封塞,摇匀冷却后,将溶液倒入 1cm 比色皿中,在 600nm 处以试剂空白为参比,读取吸光度。根据测得的数据拟合标准曲线,并求出回归方程。

②样品的测定:准确吸取 3.0mL 水样,置于 25mL 具密封塞的加热管中,加入 1mL 掩蔽剂,混匀。然后加入 3mL 消解液和 5mL H_2SO_4-Ag_2SO_4 催化剂溶液,旋紧密封塞,混匀。溶液经 165℃消解 15min 后冷却,打开加热管的密封塞,消解后的操作与"标准曲线的绘制"部分的操作相同,最后读取吸光度,COD_{Cr} 的计算式为

$$c_{Cr} = A \cdot F \cdot K$$

式中:A 表示样品的吸光度;F 表示稀释倍数;K 表示标准曲线的斜率,即 $A=1$ 时样品的 COD_{Cr}。

八、思考题

(1)水中高锰酸盐指数与COD_{Cr}有何异同？

(2)COD_{Cr}的计算公式中，为什么用空白试验滴定的体积(V_0)减去水样滴定的体积(V_1)？

(3)实验过程中是否可以先加消解液和催化剂，再加掩蔽剂？为什么？

第十节　水的五日生化需氧量的测定

一、实验目的

(1)理解五日生化需氧量的含义。

(2)掌握用稀释与接种法测定五日生化需氧量的基本原理和方法。

(3)熟练掌握溶解氧测定的实验操作。

二、实验原理

生化需氧量(BOD)指在规定的条件下，微生物分解水中的某些可氧化的物质，特别是分解有机物的生物化学过程消耗的溶解氧含量。通常情况下，五日生化需氧量指将水样充满完全密闭的溶解氧瓶，在(20±1)℃的暗处培养5d±4h，分别测定培养前后水样中溶解氧的质量浓度，由培养前后溶解氧的质量浓度之差所计算出的每升样品消耗的溶解氧量，以BOD_5形式表示，单位为mg/L。另一种培养时间为将水样先在0~4℃的暗处培养2d，接着在(20±1)℃的暗处培养5d，即共培养(2+5)d±4h。本实验所列的测试方法参考《水质　五日生化需氧量(BOD$_5$)的测定　稀释与接种法》(HJ 505—2009)。

若样品中的有机物含量较多，BOD_5大于6mg/L，样品需经适当稀释后测定；对不含或含少量微生物的工业废水，如酸性废水、碱性废水、高温废水、冷冻保存的废水或经过氯化处理的废水，在测定BOD_5时应进行接种，以引进能分解废水中有机物的微生物。当废水中存在难以被一般生活污水中的微生物以正常速度降解的有机物或含有剧毒物质时，应将驯化后的微生物引入水样中进行接种。

本方法的检出限为0.5mg/L，测定下限为2mg/L。非稀释法和非稀释接种法的测定上限为6mg/L，稀释法与稀释接种法的测定上限为6000mg/L。

一般生活污水和工业废水，虽然含较多有机物，但是如果样品中含有足够的微生物和足够的氧气，就可以直接进行测定。但为了保证微生物生长的需要，需在水样中加入一定量的无机营养盐(磷酸盐，钙、镁和铁盐)。

一般水质的BOD_5只包括含碳有机物质被氧化的耗氧量和少量无机还原性物质的耗氧量。在许多经二级生化处理的出水和受污染时间较长的水体中，往往含有大量硝化微生物，这些微生物达到一定数量就可以产生硝化作用。为了抑制硝化作用对水样中氧气的消耗，应加入适量的硝化抑制剂。

三、实验仪器与材料

(1)仪器:电子天平(绝对精度分度值为 0.000 1g)、干燥箱、恒温培养箱(20±1)℃、溶解氧测定仪、冰箱(有冷冻和冷藏功能)、曝气装置(多通道空气泵)。

(2)玻璃仪器:量筒、容量瓶(100mL、1L、2L)、烧杯(50mL、500mL、1L)、玻璃棒、棕色试剂瓶(100mL)、移液管(1mL、5mL)、锥形瓶(250mL)、5～20L 玻璃瓶(若样品需稀释则需准备)。

(3)其他材料:药匙、称量纸、滤膜(孔径为 1.6μm)、溶解氧瓶(250mL、300mL)(带水封装置)、虹吸管(分取水样或添加稀释水)。

四、实验试剂

所用试剂除非另有说明,均使用符合国家标准的分析纯化学试剂。实验用水为去离子水。

(1)亚硫酸钠溶液($c_{Na_2SO_3}$=0.025mol/L):准确称取 1.575g 亚硫酸钠(Na_2SO_3)溶于水中,在容量瓶中定容至 1L。此溶液容易氧化变质,需现用现配。

(2)碘化钾溶液(c_{KI}=100g/L):准确称取 10g 碘化钾(KI)溶于水中后,转移至 100mL 容量瓶中并定容。

(3)氢氧化钠(c_{NaOH}=0.5mol/L):将 20g 氢氧化钠溶于水中,稀释至 1L。

(4)盐酸溶液(c_{HCl}=0.5mol/L):将 40mL 浓盐酸溶于水中,稀释至 1L。

(5)淀粉溶液(c=5g/L):将 0.5g 淀粉溶于水中,稀释至 100mL。

(6)(1+1)乙酸溶液:取等体积冰乙酸和去离子水混匀。

(7)磷酸盐缓冲溶液:准确称取 8.5g 磷酸二氢钾(KH_2PO_4)、21.8g 磷酸氢二钾(K_2HPO_4)、33.4g 七水合磷酸氢二钠($Na_2HPO_4\cdot 7H_2O$)和 1.7g 氯化铵(NH_4Cl)溶于水中,稀释至 1000mL。此缓冲溶液的 pH 值为 7.2,在 0～4℃可稳定保存 6 个月。

(8)硫酸镁溶液(c_{MgSO_4}=11.0g/L):将 22.5g 七水合硫酸镁($MgSO_4\cdot 7H_2O$)溶于水中,稀释至 1L。此溶液在 0～4℃可稳定保存 6 个月,若发现任何沉淀或微生物生长,应弃去。

(9)氯化钙溶液(c_{CaCl_2}=27.6g/L):准确称取 27.6g 无水氯化钙($CaCl_2$)溶于水中,稀释至 1L。此溶液在 0～4℃可稳定保存 6 个月。若发现任何沉淀或微生物生长,应弃去。

(10)氯化铁溶液(c_{FeCl_3}=0.15g/L):准确称取 0.25g 六水合氯化铁($FeCl_3\cdot 6H_2O$)溶于水中,稀释至 1L。此溶液在 0～4℃可稳定保存 6 个月。若发现任何沉淀或微生物生长,应弃去。

(11)葡萄糖-谷氨酸标准溶液:将适量葡萄糖($C_6H_{12}O_6$,优级纯)和谷氨酸(HOOC—CH_2—CH_2—$CH(NH_2)$—COOH,优级纯)在 130℃干燥 1h,各称取 150mg 溶于水中,将溶液转移至 1L 容量瓶中,定容。此溶液的 BOD_5 为(210±20)mg/L,现用现配。该溶液也可少量冷冻保存,融化后立刻使用。

(12)丙烯基硫脲硝化抑制剂($c_{C_4H_8N_2S}$=1.0g/L):溶解 0.2g 丙烯基硫脲($C_4H_8N_2S$)于

200mL 水中,4℃保存,此溶液可稳定保存 14d。

(13)稀释水:在 5~20L 玻璃瓶中加入一定量的水,控制水温在(20±1)℃,用曝气装置曝气至少 1h,使稀释水中的溶解氧浓度达到 8mg/L 以上。使用前每升水中加入上述磷酸盐缓冲溶液、硫酸镁溶液、氯化钙溶液、氯化铁溶液 4 种营养盐溶液各 1.0mL,混匀,20℃保存。在曝气的过程中要注意防止水被污染,特别是防止带入有机物、金属、氧化物或还原物等。

稀释水中氧的浓度不能过饱和,使用前需开口放置 1h,且应在 24h 内使用。剩余的稀释水应弃去。

(14)接种液:如被检验样品本身不含有足够的适应性微生物,应采取下述方法获得接种液。①未受工业废水污染的生活污水:化学需氧量不大于 300mg/L,总有机碳不大于 100mg/L;②含有城镇污水的河水或湖水;③污水处理厂的出水;④分析含有难降解物质的工业废水时,在其排污口下游适当处(3~8km)取水样作为废水的驯化接种液。也可取中和或适当稀释后的废水进行连续曝气,每天加入少量该种废水,同时加入少量生活污水,使适应该种废水的微生物大量繁殖。当水中出现大量絮状物时,表明微生物已繁殖,可用作接种液。一般驯化过程需要 3~8d。

(15)接种的稀释水:根据需要和接种液的来源,向每升稀释水中加入适量接种液。城市生活污水和污水处理厂出水加 1~10mL,河水或湖水加 10~100mL。将接种的稀释水放在(20±1)℃的环境中,当天配制当天使用。接种的稀释水 pH 值为 7.2,BOD_5 应小于 1.5mg/L。

五、实验步骤

1. 实验前的准备工作

实验前 8h 将生化培养箱接通电源,并将温度控制在 20℃正常运行。将实验用的稀释水、接种液和接种的稀释水放入培养箱内,恒温,备选用。

2. 水样的采集与保存

样品采集按照《污水监测技术规范》(HJ 91.1—2019)、《地表水和污水监测技术规范》(HJ/T 91—2002)的相关规定执行。采集到的水样充满并密封于棕色试剂瓶中,样品量不小于 1000mL,在 0~4℃的暗处运输和保存,并于 24h 内尽快分析。若样品在 24h 内不能分析,可冷冻保存(冷冻保存时避免样品瓶破裂),分析前需解冻、均质化和接种。

3. 水样的前处理

(1)pH 值的调节:若样品或稀释后样品的 pH 值不在 6~8 之间,应用盐酸溶液或氢氧化钠溶液调节其 pH 值至 6~8。

(2)余氯和结合氯的去除:若样品中含有少量余氯,一般在采样后放置 1~2h,余氯即可消失。对在短时间内不能被去除的余氯和结合氯,可在样品中加入适量的亚硫酸钠溶液去除,加入的亚硫酸钠溶液的量由下述方法确定。

取已中和好的水样 100mL,加入乙酸溶液 10mL、碘化钾溶液 1mL,混匀,在暗处静置

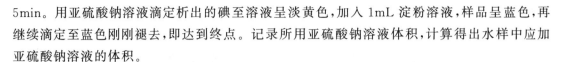

5min。用亚硫酸钠溶液滴定析出的碘至溶液呈淡黄色,加入 1mL 淀粉溶液,样品呈蓝色,再继续滴定至蓝色刚刚褪去,即达到终点。记录所用亚硫酸钠溶液体积,计算得出水样中应加亚硫酸钠溶液的体积。

(3)样品均质化:含有大量颗粒物、需要稀释较大倍数的样品或经冷冻保存的样品,测定前均需将样品搅拌均匀。

(4)样品中有藻类:若样品中有大量藻类,BOD$_5$的测定结果会偏大。当对分析结果精度要求较高时,测定前应用孔径为 1.6μm 的滤膜过滤水样,检测报告中应注明滤膜孔径的大小。

(5)含盐量低的样品:若非稀释样品的电导率小于 125μS/cm,表明样品含盐量低,需加入适量相同体积的 4 种盐溶液,使样品的电导率大于 125 μS/cm。每升样品中加入各种盐溶液的最小体积 V_{salt} 的计算式为

$$V_{salt} = (\Delta K - 12.8)/113.6$$

式中:V_{salt}表示需加入各种盐溶液的体积(mL);ΔK 表示样品需要提高的电导率值(μS/cm)。

4. 不经稀释水样的测定(非稀释法)

不经稀释水样的测定法可分为两种:非稀释法和非稀释接种法。

若样品中的有机物含量较少,BOD$_5$的质量浓度不大于 6mg/L,且样品中有足够的微生物,采用非稀释法测定。若样品中的有机物含量较少,BOD$_5$的质量浓度不大于 6mg/L,但样品中无足够的微生物,如酸性废水、碱性废水、高温废水、冷冻保存的废水或经过氯化处理的废水,采用非稀释接种法测定。

(1)试样的准备。

(a)待测试样:测定前待测试样的温度应达到(20±2)℃,若样品中溶解氧浓度低,需要用曝气装置曝气 15min 后,充分振摇,赶走样品中残留的空气泡;若样品中的氧过饱和,在容器内加入 2/3 体积的样品,用力振荡赶出过饱和氧,然后根据试样中微生物含量情况确定测定方法。采用非稀释法可直接取样测定;采用非稀释接种法,每升试样中应加入适量的接种液。若试样中含有硝化细菌,有可能发生硝化反应,需在每升试样中加入 2mL 丙烯基硫脲硝化抑制剂。

(b)空白试样:采用非稀释接种法,每升稀释水中加入与试样相同量的接种液作为空白试样,需要时在每升试样中加入 2mL 丙烯基硫脲硝化抑制剂。

(2)试样的培养与测定。用电化学探头测定培养前试样中的溶解氧的质量浓度。将试样充满一个溶解氧瓶中,使试样少量溢出,为防止试样中溶解氧质量浓度的改变,应使瓶中存在的气泡沿瓶壁排出。盖上瓶盖,防止样品中残留气泡,水封,在瓶盖外罩上一个密封罩,防止培养期间水封水蒸发干。将试样瓶放入恒温培养箱中,在(20±2)℃条件下恒温培养 5d±4h。用电化学探头测定培养后试样中溶解氧的质量浓度。溶解氧的测定参考《水质　溶解氧的测定　电化学探头法》(HJ 506—2009)。空白试样的测定方法同上。

5. 需经稀释水样的测定(稀释与接种法)

稀释与接种法可分为两种:稀释法和稀释接种法。若试样中的有机物含量较多,BOD$_5$大

于 6mg/L，且样品中有足够的微生物，则采用稀释法测定；若试样中的有机物含量较多，BOD_5 大于 6mg/L，但试样中无足够的微生物，则采用稀释接种法测定。

（1）稀释倍数的确定。样品稀释的程度应使消耗的溶解氧质量浓度不小于 2mg/L，培养后样品中剩余溶解氧质量浓度不小于 2mg/L，且试样中剩余的溶解氧的质量浓度为开始浓度的 1/3～2/3 最佳。参考表 4-7 给出的废水中 BOD_5 与总有机碳（TOC）、高锰酸盐指数（I_{Mn}）或化学需氧量（COD_{Cr}）的比值 R 的数值范围，可根据样品的总有机碳、高锰酸盐指数或化学需氧量的测定值估计 BOD_5 的期望值，进一步计算样品稀释倍数。当不能准确地选择稀释倍数时，一个样品可以设定 2～3 个不同的稀释倍数。

表 4-7 BOD_5 与典型有机质含量指标的比值

水样类型	总有机碳 R （BOD_5/TOC）	高锰酸盐指数 R （BOD_5/I_{Mn}）	化学需氧量 R （BOD_5/COD_{Cr}）
未处理的废水	1.2～2.8	1.2～1.5	0.35～0.65
生化处理后的废水	0.3～1.0	0.5～1.2	0.20～0.25

在表 4-6 中选择适当的 R 值，计算 BOD_5 的期望值为

$$\rho_o = R \times Y$$

式中：ρ_o 表示 BOD_5 的期望值（mg/L）；Y 表示总有机碳（TOC）、高锰酸盐指数（I_{Mn}）或化学需氧量（COD_{Cr}）的值（mg/L）。

由估算出的 BOD_5 期望值，按表 4-8 确定样品的稀释倍数。

表 4-8 测定 BOD_5 水样的稀释倍数

BOD_5 期望值/(mg/L)	稀释倍数	水样类型
6～12	2	河水，生物净化的城市污水
10～30	5	河水，生物净化的城市污水
20～60	10	生物净化的城市污水
40～120	20	澄清的城市污水或轻度污染的工业废水
100～300	50	轻度污染的工业废水或原城市污水
200～600	100	轻度污染的工业废水或原城市污水
400～1200	200	重度污染的工业废水或原城市污水
1000～3000	500	重度污染的工业废水
2000～6000	1000	重度污染的工业废水

按照确定的稀释倍数，将一定体积的试样或处理后的试样用虹吸管加入已加部分稀释水或接种稀释水的稀释容器中，加稀释水或接种稀释水至刻度线，轻摇混合，避免残留气泡。若稀释倍数超过 100 倍，可分两步或多步稀释。

若试样中有微生物毒性物质，应配制几个不同稀释倍数的试样，选择不受稀释倍数影响的结果，并取其平均值。试样测定结果与稀释倍数的关系如下。

当分析结果精度要求较高或存在微生物毒性物质时,一个试样要配制两个以上不同稀释倍数的试样,每个试样每个稀释倍数做平行双样同时进行培养。测定培养过程中每瓶试样的氧消耗量,并画出每一稀释倍数试样中含有的原样品体积对应培养前后测得氧消耗量的曲线。若此曲线呈线性,则此试样中不含有任何抑制微生物的物质,即样品的测定结果不受稀释倍数的影响;若曲线仅在低浓度范围内呈线性,需取线性范围内稀释比的试样测定结果,计算 BOD_5 的平均值。

(2)待测试样的准备。待测试样的温度需达到(20±2)℃。若试样中溶解氧浓度低,需要用曝气装置曝气 15min,充分振摇,赶走样品中残留的气泡;若样品中溶解氧过饱和,在容器内加入 2/3 体积的样品,用力振荡,赶出过饱和溶解氧,然后根据试样中微生物的含量确定待测方法。若选用稀释法测定,按照表 4-7 和表 4-8 确定稀释倍数,然后用稀释水稀释。若选用稀释接种法测定,用接种稀释水稀释样品。若样品中含有硝化细菌,有可能发生硝化反应,需在每升试样培养液中加入 2mL 丙烯基硫脲硝化抑制剂。

(3)空白试样的准备。

(a)采用稀释法测定,空白试样为稀释水,必要时每升稀释水中加入 2mL 丙烯基硫脲硝化抑制剂。

(b)采用稀释接种法测定,空白试样为接种稀释水,必要时每升接种稀释水中加入 2mL 丙烯基硫脲硝化抑制剂。

(4)试样的培养测定。试样和空白试样的培养与测定方法同非稀释法,将试样充满并密封在溶解氧瓶中,在(20±2)℃条件下恒温培养 5d±4h,用电化学探头测定培养前后试样中的溶解氧的质量浓度,并计算。

六、数据记录与处理

按照实际的稀释培养方法选择合适的公式计算样品五日生化需氧量值。

1. 非稀释法

样品 BOD_5 的测定结果为

$$c = c_1 - c_2$$

式中:c 表示五日生化需氧量质量浓度(mg/L);c_1 表示水样在培养前的溶解氧质量浓度(mg/L);c_2 表示水样在培养后的溶解氧质量浓度(mg/L)。

2. 非稀释接种法

样品 BOD_5 的测定结果为

$$c = (c_1 - c_2) - (c_3 - c_4)$$

式中:c 表示五日生化需氧量质量浓度(mg/L);c_1 表示接种水样在培养前的溶解氧质量浓度(mg/L);c_2 表示接种水样在培养后的溶解氧质量浓度(mg/L);c_3 表示空白试样在培养前的溶解氧质量浓度(mg/L);c_4 表示接种空白试样在培养后的溶解氧质量浓度(mg/L)。

3. 稀释与接种法

样品 BOD_5 的测定结果为

$$c = \frac{(c_1 - c_2) - (c_3 - c_4) f_1}{f_2}$$

式中：c 表示五日生化需氧量质量浓度（mg/L）；c_1 表示接种稀释水样在培养前的溶解氧质量浓度（mg/L）；c_2 表示接种稀释水样在培养后的溶解氧质量浓度（mg/L）；c_3 表示空白试样在培养前的溶解氧质量浓度（mg/L）；c_4 表示空白试样在培养后的溶解氧质量浓度（mg/L）；f_1 表示接种稀释水或稀释水在培养液中所占的比例；f_2 表示原样品在培养液中所占的比例。

BOD_5 的测定结果以氧的质量浓度（mg/L）报出。对稀释与接种法，若有几个稀释倍数的结果满足要求，结果则取这些稀释倍数结果的平均值。结果小于 100mg/L，保留一位小数；结果为 100~1000mg/L，取整数位；结果大于 1000mg/L，以科学记数法报出。结果报告中应注明样品是否经过过滤、冷冻或均质化处理。

七、质量保证与质量控制

1. 空白试样

在每一批样品中分析两个空白试样，稀释法测定空白试样的结果不能超过 0.5mg/L，非稀释接种法和稀释与接种法测定空白试样的结果不能超过 1.5mg/L，否则应检查可能的污染来源。

2. 接种液、稀释水质量检查

在每一批样品中要求做一个标准样品，标准样品的配制方法如下：取 20mL 葡萄糖-谷氨酸标准溶液于 1L 容量瓶中，用接种稀释水定容，测定其 BOD_5，结果应在 80~230mg/L 内，否则应检查接种液、稀释水的质量。

3. 平行样品

在每一批样品中至少做一组平行样，计算相对百分偏差 RP。当 BOD_5 的测定结果小于 3mg/L 时，RP 应小于等于 ±15‰；当 BOD_5 的测定结果为 3~100mg/L 时，RP 应小于等于 ±20‰；当 BOD_5 的测定结果大于 100mg/L 时，RP 应小于等于 ±25%。计算式为

$$RP = \frac{c_1 - c_2}{c_1 + c_2} \times 100\%$$

式中：RP 表示相对百分偏差（%）；c_1 表示第一个重复样品 BOD_5 浓度（mg/L）；c_2 表示第二个重复样品 BOD_5 浓度（mg/L）。

4. 精密度和准确度

非稀释法不同实验空间的重现性标准偏差为 0.10~0.22mg/L，再现性标准偏差为 0.26~

0.85mg/L。稀释法和稀释接种法的对比测定结果重现性标准偏差为 11mg/L,再现性标准偏差为 3.7～22mg/L。

八、思考题

(1)当水样中存在 NO_2^- 时会干扰 BOD_5 的测定吗？如何消除 NO_2^- 的干扰？

(2)如果水样是自来水,测定时是否存在干扰？如何消除干扰？

(3)测定水样中的溶解氧时,如何进行水样的采集和保存？

第十一节 硫化物的测定(碘量法)

一、实验目的

(1)理解碘量法测定水中硫化物的基本原理。

(2)掌握水中硫化物的测定方法。

二、实验原理

水样中硫化氢、硫离子具有还原性,其含量容易在取样后受氧化还原状态的波动而发生变化。因此取样后,应在水样中加入乙酸锌等固定剂,生成白色硫化锌沉淀将硫化物保存下来;测样前,将此沉淀溶于酸,再被碘氧化为淡黄色单质硫,剩余的碘用硫代硫酸钠标准溶液滴定,主要反应过程如下。以此计算样品中硫化物的含量。本方法参考《地下水质检验方法 碘量法测定硫化物》(DZ/T 0064.66—93)。

$$H_2S + Zn(Ac)_2 \longrightarrow ZnS\downarrow + 2HAc$$
$$ZnS + I_2 \longrightarrow ZnI_2 + S\downarrow$$
$$2Na_2S_2O_3 + I_2 \longrightarrow Na_2S_4O_6 + 2NaI$$

三、实验仪器与材料

(1)仪器:电子天平(绝对精度分度值为 0.000 1g)、加热板、干燥箱、暗室。

(2)玻璃仪器:烧杯(250mL)、玻璃棒、容量瓶(100mL、1L)、棕色试剂瓶(1L)、具塞锥形瓶(250mL)、量筒、移液管(1mL、10mL)。

(3)其他材料:药匙、称量纸、定性滤纸。

四、实验试剂

(1)(1+1)盐酸溶液:取等体积浓盐酸与去离子混合均匀。

(2)淀粉溶液 $(c_{(C_6H_{10}O_5)_n} = 10g/L)$:称取可溶性淀粉 1g 于 250mL 烧杯中,加少量去离子

水搅拌成糊状,加入煮沸的蒸馏水至 100mL,搅拌并加热至淀粉全部溶解。

(3)碘溶液($c_{I_2} = 0.005\text{mol/L}$):称取碘化钾(KI)8～10g 溶于少量去离子水中,加入碘 1.27g,搅拌至碘全部溶解后,用去离子水定容至 1000mL。贮存于棕色试剂瓶中,置于暗处保存。

(4)重铬酸钾标准溶液($c_{K_2Cr_2O_7} = 0.001\,67\text{mol/L}$):称取适量重铬酸钾($K_2Cr_2O_7$)在 110℃条件下烘干 2h,准确称取 0.490 3g,溶于去离子水后,将溶液转移至 1L 容量瓶中,用去离子水定容至刻线。

(5)硫代硫酸钠溶液($c_{Na_2S_2O_3} = 0.01\text{mol/L}$):准确称取 2.481 8g 硫代硫酸钠($Na_2S_2O_3 \cdot 5H_2O$),溶于煮沸并冷却的去离子水中,加入 0.2g 无水碳酸钠(Na_2CO_3),待全部溶解后,将溶液转移至 1L 容量瓶中,用去离子水定容至刻线。贮存于棕色试剂瓶中,准确浓度用重铬酸钾标准溶液标定。

(6)硫酸溶液($c_{H_2SO_4} = 1.5\text{mol/L}$):在 250mL 烧杯中,加入约 50mL 去离子水,取浓度为 1.84g/cm³ 的浓硫酸 8.15mL,用玻璃棒边搅拌,边缓慢加入浓硫酸,用去离子水定容至 100mL。

五、实验步骤

1. 硫代硫酸钠溶液的标定

取 3 份重铬酸钾标准溶液($c_{K_2Cr_2O_7} = 0.001\,67\text{mol/L}$),每份体积为 20.0mL,分别置于 3 个 250mL 具塞锥形瓶中,加去离子水 50mL、硫酸溶液($c_{H_2SO_4} = 1.5\text{mol/L}$)5mL、碘化钾 1g,于暗处放置 5min。用硫代硫酸钠标准溶液(浓度约为 0.01mol/L)滴定至浅黄色,加淀粉溶液 1mL,继续滴定至蓝色消失(终点显示三价铬离子的绿色)。记录消耗的硫代硫酸钠溶液体积,并取平均值 V_1(mL)。

2. 样品分析

称量专供测硫化物的水样和样品瓶的总质量,减去空瓶加固定剂的质量,计算实有水样体积(mL)。将带有沉淀的水样,用定性滤纸过滤,并用去离子水小心洗涤原水样瓶和滤纸 3～4 次。将带有沉淀的滤纸放入 250mL 锥形瓶中,用玻璃棒捣碎滤纸。加入去离子水 50mL、碘溶液 10.0mL,再加盐酸溶液 5mL,摇匀,置于暗处 5min 待沉淀全部溶解。用硫代硫酸钠溶液滴定至浅黄色,加淀粉溶液 1mL 继续滴定至蓝色完全消失,记录消耗硫代硫酸钠溶液的体积 V_2(mL)。

3. 空白试验

取一个 250mL 锥形瓶,按步骤(2),进行与样品分析相同的空白试验,记录硫代硫酸钠溶液用量 V_3(mL)。

六、数据记录与处理

1.硫代硫酸钠溶液的质量浓度

硫代硫酸钠溶液标定过程中,发生的反应为
$$3\,S_2O_3^{2-}+4\,Cr_2O_7^{2-}+26\,H^+\!\!=\!\!=6SO_4^{2-}+8\,Cr^{3+}+13\,H_2O$$
因此硫代硫酸钠溶液的浓度计算式为
$$c_{Na_2S_2O_3}=\frac{c\times20.0}{V_1}\times\frac{3}{4}$$
式中:$c_{Na_2S_2O_3}$ 表示硫代硫酸钠溶液的浓度(mol/L);c 表示重铬酸钾标准溶液的浓度(mol/L);V_1表示滴定消耗硫代硫酸钠溶液的体积(mL);20.0 表示取重铬酸钾标准溶液体积(mL)。

2.硫化物的质量浓度

硫化物的质量浓度为
$$c_{H_2S}=\frac{(V_3-V_2)c\times0.5\times34.076}{V}\times1000$$
式中:V_2表示滴定水样消耗硫代硫酸钠溶液的体积(mL);V_3表示滴定空白试样所消耗硫代硫酸钠溶液的体积(mL);V表示取水样体积(mL);c 表示硫代硫酸钠溶液的浓度(mol/L);0.5 表示硫化物与硫代硫酸钠之间的化学计量数比值;34.076 表示硫化氢的摩尔质量(g/mol)。

3.精密度和准确度

同一实验室测定总硫化物浓度为 0.56mg/L 的水样 10 次,相对标准偏差为 4.6%,回收率为 94%～106%。

七、思考题

(1)为准确测定水样中硫化物的含量,在采样时应向样品中添加何种固定剂来固定硫化物?

(2)为何在硫化物浓度计算过程中,要用空白试样所消耗硫代硫酸钠的体积(V_3)减去水样消耗硫代硫酸钠的体积(V_2),而不是相反?

第五章　水化学指标的仪器分析

第一节　水中铁的测定(邻二氮菲吸收光谱法)

一、实验目的

(1)熟练掌握分光光度计的使用方法及其工作原理。

(2)掌握用邻二氮菲吸收光谱法测定水中铁的原理和实验操作。

二、实验原理

当溶液的 pH＝3～9 时,在一定条件下 Fe^{2+} 与邻二氮菲(又名 1,10-菲啰啉或邻菲啰啉)生成稳定的邻二氮菲-$Fe(II)$橙红色络合物($\lambda_{max}＝510nm$,$\varepsilon＝1.1×10^4 L/(mol \cdot cm)$),该络合物在暗处可稳定存在半年。在 510nm 处测定吸光度值,用标准曲线法可求得水样中 Fe^{2+}的含量。若用盐酸羟胺($NH_2OH \cdot HCl$)等还原剂将水中 Fe^{3+} 还原为 Fe^{2+},则本法可测定水中总铁、Fe^{3+} 和 Fe^{2+} 各自的含量。

强氧化剂、氰化物、亚硝酸盐、焦磷酸盐、偏聚磷酸盐及某些重金属离子会影响测定的结果。经过加酸煮沸可将氰化物及亚硝酸盐去除,并使焦磷酸盐、偏聚磷酸盐转化为正磷酸盐,从而降低干扰;加入盐酸羟胺则可以消除强氧化剂的影响。虽然邻二氮菲能与某些金属离子形成有色络合物而干扰测定,但在乙酸-乙酸铵的缓冲溶液中,浓度不大于总铁浓度 10 倍的铜离子、锌离子、钴离子、铬离子,以及浓度小于 2mg/L 的镍离子,均不干扰测定;当浓度再高时,可加入过量显色剂予以消除。汞离子、镉离子、银离子等能与邻二氮菲反应形成沉淀,若浓度低时,可加入过量邻二氮菲来消除;浓度高时,可将沉淀过滤除去。若水样有底色,可用不加邻二氮菲的试样作参比,对水样的底色进行校正。

三、实验仪器与材料

(1)仪器:可见分光光度计、电子天平(绝对精度分度值为 0.000 1g)。

(2)玻璃仪器:玻璃比色皿、具塞磨口比色管(25mL)、移液管(1mL、5mL、10mL)、容量瓶(100mL、1L)、量筒、烧杯(50mL、500mL、1L)、玻璃棒、棕色试剂瓶(100mL)、锥形瓶(250mL)。

（3）其他材料：药匙、称量纸。

四、实验试剂

（1）铁标准贮备液（$c_{Fe^{2+}}=100mg/L$）：准确称量 0.702 2g 六水合硫酸亚铁铵[$(NH_4)_2Fe(SO_4)_2 \cdot 6H_2O$]，溶于 50mL 硫酸溶液（浓硫酸与水体积比为 1:1）中，转移至 1L 容量瓶中，用去离子水定容至刻线，摇匀。

（2）铁标准溶液（$c_{Fe^{2+}}=10mg/L$）：准确移取铁标准贮备液 10.00mL 置于 100mL 容量瓶中，用去离子水定容至刻线，摇匀。

（3）邻二氮菲溶液（$c_{C_{12}H_8N_2 \cdot H_2O}=1.2g/L$）：准确称取 0.12g 一水合邻二氮菲（$C_{12}H_8N_2 \cdot H_2O$）溶解于 100mL 去离子水中（可微热助溶），贮存于棕色试剂瓶中（现用现配）。

（4）盐酸羟胺溶液（$c_{NH_2OH \cdot HCl}=100g/L$）：准确称取 25g 盐酸羟胺（$NH_2OH \cdot HCl$）溶解于 250mL 蒸馏水中（现用现配）。

（5）冰乙酸-乙酸钠缓冲溶液（pH=6）：准确称取 200g 三水合乙酸钠（$NaC_2H_3O_2 \cdot 3H_2O$）溶解于约 200mL 蒸馏水中，加入 600mL 冰乙酸（$\rho=1.05g/mL$），再用去离子水稀释至 1L。

五、实验步骤

1. 标准曲线的绘制

用移液管分别准确吸取铁标准溶液（$c_{Fe^{2+}}=10mg/L$）0mL（空白试验）、0.50mL、1.00mL、1.50mL、2.00mL、3.00mL 和 5.00mL，分别置于 25mL 比色管中。在比色管中各加入 1.00mL 盐酸羟胺溶液，混匀，静置 2min 后，再各加入 1.0mL 邻二氮菲溶液和 2.5mL 冰乙酸-乙酸钠缓冲溶液，用水定容至刻线，混匀，放置显色 15min。在可见分光光度计波长 510nm 处，用 1cm 比色皿以"空白试样"溶液调零，测定各标准溶液试样的吸光度值，做记录。以亚铁离子浓度（$c_{Fe^{2+}}$，mg/L）为横坐标，对应的吸光度值为纵坐标，绘制标准曲线，得出亚铁离子浓度（$c_{Fe^{2+}}$，mg/L）与吸光度的线性关系式。

2. 总铁浓度的测定

用移液管吸取 10.00mL 水样，放入 25mL 比色管中，按标准曲线的绘制步骤加入试剂并等待显色，用可见分光光度计测定反应后溶液在 510nm 处吸光度值，利用亚铁离子浓度（$c_{Fe^{2+}}$，mg/L）与吸光度线性关系式计算水样中总铁浓度。

3. Fe^{2+} 浓度的测定

用移液管吸取 10.00mL 水样，放入 25mL 比色管中，不加 $NH_2OH \cdot HCl$ 溶液，直接加入 1.0mL 邻二氮菲溶液和 2.5mL 冰乙酸-乙酸钠缓冲溶液，用水定容至刻度线，混匀，放置显色 15min。用可见分光光度计测定反应后溶液在 510nm 处吸光度值，利用亚铁离子浓度（$c_{Fe^{2+}}$，mg/L）与吸光度线性关系式计算水样中 Fe^{2+} 浓度。

六、数据记录与处理

1. 标准曲线的绘制

将数据记录于表 5-1 中。

表 5-1 标准曲线不同 Fe^{2+} 浓度($c_{Fe^{2+}}$, mg/L)对应吸光度值

编号	1	2	3	4	5	6	7
铁标准溶液加入量/mL	0.00	0.50	1.00	1.50	2.00	3.00	5.00
Fe^{2+} 浓度/(mg/L)	0.00	0.20	0.40	0.60	0.80	1.20	2.00
吸光度 A							

2. 铁浓度的计算

将测得的样品吸光度 A 代入亚铁离子浓度 $c_{Fe^{2+}}$(mg/L)与吸光度线性关系式计算比色管内溶液中 Fe^{2+} 浓度(c_0, mg/L)。再计算水样中铁的浓度

$$c_{Fe} = (c_0 \cdot 25\text{mL})/V$$

式中:V 表示取样体积(mL)。

3. 水样的数据记录

水样中总 Fe 浓度:吸光度 A＝＿＿＿＿,$c_{0\text{-Fe}}$(mg/L)＝＿＿＿＿,$c_{Fe^{2+}}$(mg/L)＝＿＿＿＿。

水样中 Fe^{2+} 浓度:吸光度 A＝＿＿＿＿,$c_{0\text{-Fe}^{2+}}$(mg/L)＝＿＿＿＿,$c_{Fe^{2+}}$(mg/L)＝＿＿＿＿。

水样中 Fe^{3+} 浓度:$c_{Fe^{3+}}$(mg/L)＝c_{Fe}(mg/L)－$c_{Fe^{2+}}$(mg/L)＝＿＿＿＿。

七、注意事项

(1)每次测定前,应先用去离子水进行比色皿的校正实验。

(2)拿取比色皿时,只能用手指捏住毛玻璃的两面,手指不得接触比色皿透光面。

(3)测量之前,比色皿需用被测溶液荡洗 2~3 次,然后再盛溶液。盛好溶液(液面至比色皿高度的 4/5)后,先用滤纸轻轻吸去比色皿外部的水滴,再用擦镜纸轻轻擦拭透光面,直至洁净透明。另外,还应注意比色皿内不得黏附小气泡,否则影响透光率。

(4)比色皿用毕后,应立即从分光光度计卡槽中取出,用自来水及蒸馏水洗净,倒立晾干。

八、思考题

(1)本实验中配制铁标准溶液的硫酸亚铁铵是分析纯试剂,显色时为什么还要加盐酸羟胺?

(2)本实验中吸取各溶液时,哪些应用移液管?哪些可用量筒?为什么?

第二节　水中氨氮的测定(纳氏试剂分光光度法)

一、实验目的

(1)理解水中氨氮的概念及测定原理。

(2)掌握用纳氏试剂分光光度法测定水中的氨氮的原理和实验操作。

二、实验原理

氨氮(NH_3-N)指水中以游离氨(NH_3)和铵离子(NH_4^+)形式存在的氮,测定的是游离氨和铵离子,但结果以氮的含量表示。水中游离氨和铵离子的组成比取决于水的 pH 值和水温。当 pH 值偏高、水温较低时,游离氨的比例较高;反之则铵离子的比例较高。氨氮是水体中的营养素,可导致水富营养化,是水体中的主要耗氧污染物,对鱼类及某些水生生物有毒害作用。

氨氮的检测方法通常有纳氏试剂分光光度法、苯酚-次氯酸盐(或水杨酸-次氯酸盐)分光光度法和电极法等。纳氏试剂分光光度法具有操作简便、测试结果灵敏等特点。测定原理是氨氮跟纳氏试剂反应生成淡红棕色络合物,该络合物的吸光度与氨氮含量成正比,在波长 420nm 处测试样品吸光度,可换算出氨氮含量。本法适用于地表水、地下水、工业废水和生活污水中氨氮的测定。当水样体积为 50mL,使用 20mm 比色皿时,本方法的检出限为 0.025mg/L,测定上限为 2.0mg/L(以 N 计)。

水样中含有的悬浮物,余氯,钙、镁等金属离子,硫化物和有机物会干扰测定结果,含有此类物质时要作适当处理,以消除它们对测定结果的影响,测试前需对样品进行预处理。若样品中存在余氯,可加入适量的硫代硫酸钠溶液去除,并用淀粉-碘化钾试纸检验余氯是否除尽。在显色时加入适量的酒石酸钾钠溶液,可消除钙、镁等金属离子的干扰。若水样浑浊或有颜色时,可用预蒸馏法或絮凝沉淀法预处理。脂肪胺、芳香胺、醛类、丙酮、醇类和有机氯胺类等有机化合物,以及铁、锰、镁和硫等无机离子,因使水样产生异色或者混浊而引起干扰,亦影响比色。为此,水样须经絮凝沉淀或蒸馏预处理,还可在酸性条件下加热除去易挥发的还原干扰性物质。金属离子产生的干扰,可加入适量的掩蔽剂予以消除。

三、实验仪器与材料

(1)仪器:电子天平(绝对精度分度值为 0.000 1g)、干燥箱、pH 计、干燥器、氨氮蒸馏装置、可见分光光度计、加热板、马弗炉(制备轻质氧化镁)。

(2)玻璃仪器:玻璃比色皿、比色管(50mL)、容量瓶(100mL、1L)、量筒、烧杯(50mL、500mL、1L)、玻璃棒、棕色试剂瓶(100mL)、移液管(1mL、5mL)、锥形瓶(250mL)。

(3)其他材料:药匙、称量纸、聚乙烯瓶(100mL,配聚乙烯瓶盖)、棕色密封盒子、玻璃珠。

四、实验试剂

在测定过程中,除非另有说明,所用试剂均为分析纯化学试剂,实验用水均为去离子水。

(1)纳氏试剂:可选择下列其中一种方法制备。

(a)氯化汞-碘化钾-氢氧化钾($HgCl_2$-KI-KOH)溶液:准确称取 5g 碘化钾(KI)溶于约 10mL 水中,边搅拌边分次加入少量氯化汞($HgCl_2$)粉末(约 2.5g),直到溶液呈深黄色或出现淡红色沉淀且沉淀溶解缓慢时,充分搅拌,并改为滴加饱和氯化汞溶液,当出现少量朱红色沉淀且沉淀不再溶解时,停止滴加。准确称取 15g 氢氧化钾(KOH)溶于去离子水,稀释至 50mL。充分冷却至室温后,边搅拌边将上述 KI-$HgCl_2$ 混合溶液徐徐加入 KOH 溶液中,用去离子水稀释至 100mL,混匀。于暗处静置 24h 后,将上清液移入聚乙烯瓶中,用橡皮塞或聚乙烯盖子盖紧,暗处存放,有效期为 1 个月。

(b)碘化汞-碘化钾-氢氧化钠(HgI_2-KI-NaOH)溶液:准确称取 16g 氢氧化钠(NaOH),溶于 50mL 去离子水中,充分冷却至室温。另取 7g 碘化钾(KI)和 10g 碘化汞(HgI_2)溶于适量去离子水中,边搅拌边将此 KI-HgI_2 混合溶液徐徐加入 NaOH 溶液中,用去离子水稀释至 100mL。将配制好的溶液贮存于聚乙烯瓶中,用橡皮塞或聚乙烯盖子盖紧,暗处存放,有效期为 1 年。

(2)酒石酸钾钠溶液($c_{KNaC_4H_4O_6 \cdot 4H_2O}=500g/L$):准确称取 50g 四水合酒石酸钾钠($KNaC_4H_4O_6 \cdot 4H_2O$)溶于 100mL 水中,加热煮沸以除去氨,充分冷却后稀释至 100mL。

(3)轻质氧化镁(不含碳酸盐):取适量氧化镁(MgO)在 500℃下加热 2h,以除去碳酸盐。

(4)浓盐酸($\rho_{HCl}=1.18g/mL$),一般购买的质量分数为 36%～38% 的浓盐酸,密度即为 1.18g/mL。

(5)硫代硫酸钠溶液($c_{Na_2S_2O_3}=3.5g/L$):准确称取 3.5g 硫代硫酸钠($Na_2S_2O_3$)溶于去离子水中,稀释定容至 1000mL。

(6)硫酸锌溶液($c_{ZnSO_4 \cdot 7H_2O}=100g/L$):准确称取 10g 七水合硫酸锌($ZnSO_4 \cdot 7H_2O$)溶于去离子水中,稀释定容至 100mL。

(7)硼酸溶液($c_{H_3BO_3}=20g/L$):准确称取 20g 硼酸(H_3BO_3)溶于去离子水中,稀释定容至 1000mL。

(8)溴百里酚蓝指示剂($c=0.5g/L$):准确称取 0.05g 溴百里酚蓝溶于 50mL 水中,加入 10mL 无水乙醇,用水稀释至 100mL。

(9)氢氧化钠溶液($c_{NaOH}=1mol/L$):准确称取 4g 氢氧化钠(NaOH)溶于去离子水中,定容至 100mL。

(10)盐酸溶液($c_{HCl}=1mol/L$):吸取 8.5mL 浓盐酸于 100mL 容量瓶中,用去离子水定容至刻线。

(11)淀粉-碘化钾试纸:准确称取 1.5g 可溶性淀粉于烧杯中,用少量去离子水调成糊状,加入 200mL 沸水,搅拌均匀后放冷。加 0.5g 碘化钾和 0.5g 碳酸钠,用去离子水稀释至 250mL。将滤纸条浸渍后,取出晾干,于棕色密封盒子中保存。

(12)氨氮标准贮备液($c_N = 1000mg/L$)：称取适量优级纯氯化铵(NH_4Cl)，经 105℃ 干燥 2h 后置于干燥器中冷却。准确称取 3.819 0g NH_4Cl，溶于去离子水，将溶液转移至 1L 容量瓶中，用去离子水定容至刻线。此溶液在 2～5℃可保存 1 个月。

(13)氨氮标准溶液($c_N = 10mg/L$)：吸取 5.00mL 氨氮标准贮备液于 500mL 容量瓶中，用去离子水定容至刻线(现用现配)。

五、实验步骤

1.样品采集与保存

水样采集在聚乙烯瓶或玻璃瓶内，要尽快分析。如需保存，应滴加硫酸使水样酸化至 pH<2，在 2～5℃下酸化水样可保存 7d。

2.样品预处理

(1)除余氯：若样品中存在余氯，可加入适量的硫代硫酸钠溶液去除。每加 0.5mL 硫代硫酸钠溶液可去除 0.25mg 余氯。用淀粉-碘化钾试纸检验水样中余氯是否除尽。

(2)絮凝沉淀：在 100mL 样品中加入 1mL $ZnSO_4$ 溶液和 0.1～0.2mL NaOH 溶液，调节水样 pH 值约为 10.5，混匀，放置一段时间后，取上清液分析。必要时，絮凝后的样品可用经去离子水冲洗过的中速滤纸过滤，弃去初滤液 20mL。也可对絮凝后的样品进行离心处理，取上清液分析。

3.预蒸馏

将 50mL 硼酸溶液移入接收瓶内，确保冷凝管出口在硼酸溶液液面之下。用量筒取 250mL 水样(若氨氮含量高，可适当少取，用去离子水稀释至 250mL)，移入烧瓶中，加几滴溴百里酚蓝指示剂。必要时，用氢氧化钠溶液或盐酸溶液调节 pH 值至 6.0(指示剂呈黄色)～7.4(指示剂呈蓝色)，加入 0.25g 轻质氧化镁及数粒玻璃珠，立即连接氮球和冷凝管。加热蒸馏，使馏出液速率约为 10mL/min，待馏出液达 200mL 时，将导管抽离吸收液面，再停止加热。加去离子水将馏出液定容至 250mL。

4.标准曲线的绘制

分别吸取 0mL(空白试样)、0.50mL、1.00mL、2.00mL、4.00mL、6.00mL、8.00mL 和 10.00mL氨氮标准工作溶液于 50mL 比色管中，加入去离子水定容至刻度线，比色管中对应含有的氨氮质量分别是 $0\mu g$、$5.0\mu g$、$10.0\mu g$、$20.0\mu g$、$40.0\mu g$、$60.0\mu g$、$80.0\mu g$ 和 $100.0\mu g$。在比色管中分别加 1.0mL 酒石酸钾钠溶液，混匀，再加 1.5mL 纳氏试剂，混匀。放置 10min 后，将比色管内溶液倒入比色皿内，用可见分光光度计在波长 420nm 处以空白试样校正，测定剩余试样的吸光度。

以空白试样校正后的吸光度(A)为纵坐标，以对应比色管中的氨氮质量(m_N,μg)为横坐标，绘制标准曲线，得出比色管中氨氮质量与吸光度之间的线性方程(标准曲线的拟合线性相关系数要求大于 0.999)。

5. 水样的测定

每个水样取 3 个平行样,重复测定,确保测定结果的准确性。

(1)清洁水样:直接取 50mL 水样,按与绘制标准曲线相同的步骤加入试剂,等待显色。用空白试样校正后的可见分光光度计测得样品吸光度。

(2)有悬浮物或色度干扰的水样:取经预处理的水样 50mL(若水样中氨氮浓度超过 2mg/L,可适当少取水样,用去离子水稀释至 50mL),按与绘制标准曲线相同的步骤加入试剂,等待显色。用空白试样校正后的可见分光光度计测得样品吸光度。

注意:经蒸馏或在酸性条件下煮沸等方法预处理的水样,须加一定量氢氧化钠溶液,调节水样至中性,用水稀释至 50mL,再按与绘制标准曲线相同的步骤测量吸光度。

6. 空白试验

以无氨水代替水样,按与样品测试相同的步骤进行预处理和吸光度测定。

六、数据记录与处理

1. 标准曲线的绘制

系列标准溶液对应吸光度值见表 5-2。以吸光度(A)为纵坐标,比色管中氨氮质量(m_N,μg)为横坐标,绘制标准曲线,得出比色管中氨氮质量与吸光度之间的线性方程(标准曲线的拟合线性相关系数要求大于 0.999)。

表 5-2　含氮标准溶液测定结果

序号	1	2	3	4	5	6	7	8
氨氮标准溶液加入量/mL	0	0.50	1.00	2.00	4.00	6.00	8.00	10.00
氮含量/(以 N 计,μg)	0	5.00	10.00	20.00	40.00	60.00	80.00	100.00
吸光度 A								

2. 水样氨氮浓度的计算

测定水样的吸光度 A,代入比色管中氨氮质量与吸光度之间的线性方程,计算得出比色管中试样氨氮质量 $m_N(\mu g)$,水样中氨氮浓度为

$$c_N = \frac{m_N}{V}$$

式中:c_N 表示水样中氨氮浓度(mg/L);m_N 表示比色管中试样的氨氮质量(μg);V 表示取到比色管中水样体积(mL)。水样体积取 50mL 时,结果以 3 位小数表示。结果的算术平均值为最终测定结果。

七、思考题

(1)氨氮的测定除了纳氏试剂分光光度法,还有其他方法吗? 测定原理是什么?

(2)水样预蒸馏结束之前,为什么要将导管离开液面之后再停止加热?

第三节　水中钾、钠、钙、镁、铜、铁、锰、铅、锌等元素同时测定(电感耦合等离子体发射光谱法)

一、实验目的

(1)理解电感耦合等离子体发射光谱的测试原理。

(2)掌握用电感耦合等离子体发射光谱法测定水中金属元素的方法。

二、实验原理

利用电感耦合等离子体(inductively coupled plasma,ICP)源等离子体产生的高温,使试样完全分解形成激发态的原子和离子。由于激发态的原子和离子不稳定,因此外层电子会从激发态向低能级跃迁,发射出特征谱线。特征谱线通过光栅等分光后,利用检测器检测特定波长的强度,遵循光的强度与待测元素浓度成正比的规律,计算得到样品中元素的浓度。本方法参考《食品安全国家标准　饮用天然矿泉水检测方法》(GB 8538—2016)。

三、实验仪器与材料

(1)仪器:电感耦合等离子体发射光谱仪(ICP-AES)(具有轴向或者双向观测功能的仪器)、超纯水制备仪、电子天平(绝对精度分度值为 0.000 1g)。

(2)玻璃仪器:量筒、容量瓶(100mL、1L)、烧杯(500mL、1L)、玻璃棒。

(3)其他材料:PET 瓶、水系过滤器(孔径为 $0.22\mu m$)、移液枪、枪头、胶头滴管(或一次性塑料滴管)。

四、实验试剂

除非另有说明,本方法所用试剂均为优级纯,水为《分析实验室用水规格和试验方法》(GB/T 6682—2008)中规定的一级水。

(1)(2+98)硝酸溶液:将硝酸($\rho=1.42g/mL$)和去离子水按照体积比为 2∶98 的比例混合均匀。

(2)金属离子标准贮备溶液:由于实验室内自行配制的标准溶液的纯度和准确度有限。建议优先购买含有钾、钠、钙、镁、铜、铁、锰、铅和锌等元素相应浓度的持证混合标准贮备液或单标贮备液,用于稀释配制标准系列溶液。

(3)系列标准溶液的制备:天然地下水和地表淡水样品一般常量元素和微量元素浓度差异较大,对应的标准曲线范围不同。钾、钠、钙和镁常量元素标准曲线系列浓度依次为 0mg/L、5mg/L、20mg/L、50mg/L、75mg/L、100mg/L,铜、铁、锰、铅和锌等微量元素标准曲线系列浓度依次为 0mg/L、0.1mg/L、0.5mg/L、1.0mg/L、1.5mg/L、2.0mg/L、5.0mg/L。吸取标准贮备液,按照不同的浓度要求,用硝酸溶液稀释配制系列混合标准溶液。注意吸取标准贮备液过程中,避免污染贮备液。

五、分析步骤

仪器操作条件:根据所使用的仪器(图 5-1)的说明,使仪器达到最佳工作状态。

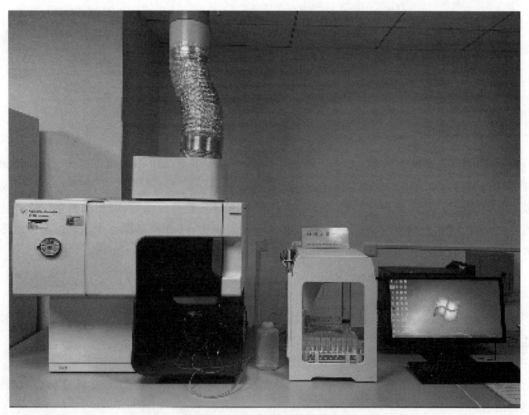

图 5-1　电感耦合等离子体发射光谱仪(ICP-AES)

(1)系列标准曲线的测定:按照仪器操作说明逐步打开氩气、开仪器、点火。达到稳定测定条件后,测定标准系列,绘制标准曲线,拟合各元素含量与光谱强度之间的回归方程。

(2)试样的测定:现场取样时,需用孔径为 $0.45\mu m$ 的水系滤膜将水样过滤,滴加硝酸溶液至水样 pH<2,待样品瓶中无气泡后密封,在暗处 4℃保存。测样前,检查样品中是否有沉淀,若有沉淀应用孔径为 $0.45\mu m$ 的水系滤膜再次过滤。一般为保护仪器,且保证测试准确度,对于加硝酸前电导率大于 $1000\mu S/cm$ 的样品,应先稀释至电导率在 $1000\mu S/cm$ 以下再进行测定。

六、数据记录与处理

1. 初始测试结果

根据试样信号计数,从校准曲线或回归方程中查得试样中各元素浓度(mg/L)。

2. 校正

(1)稀释校正。如果试样在制备过程中需要稀释或浓缩,则稀释系数(dilution factor, DF)为

$$DF = \frac{V_1}{V_0}$$

式中:V_1 表示稀释后水样体积(mL);V_0 表示稀释前水样体积(mL)。

(2)非光谱干扰校正。如果非光谱干扰校正是必要的,可以采用标准加入法。元素在加入标准中与在试样中的物理和化学形式是一样的。干扰作用不受加标金属浓度的影响,加标浓度介于试样中元素浓度的 $50\%\sim100\%$ 之间,以便不影响测量精度,多元素影响的干扰也不会造成错误的结果。仔细选择离线点后,用背景校正将该方法用于试样系列中所有的元素。如果加入元素不会引起干扰则可以考虑使用多元素标准加入法。

(3)精密度。在重复性条件下,获得的两次独立测定结果的绝对差值不得超过算术平均值的 10%。

七、注意事项

(1)在样品测试过程中,注意间隔插入标准,反映仪器状态。
(2)在仪器测试过程中,注意试样与测试序列的一一对应,保证数据的真实性。

八、思考题

(1)试述电感耦合等离子发射光谱法测定水样中离子浓度的测试步骤?
(2)如何确定未知水样中的金属元素种类及含量?

第四节　水中氟、氯、溴、硫酸根、磷酸根、亚硝酸根、硝酸根等离子同时测定(离子色谱法)

一、实验目的

(1)学习离子色谱分析的基本原理及其操作方法。

(2)掌握用离子色谱法进行定性和定量分析的方法。

二、实验原理

离子色谱法是在经典的离子交换色谱法基础上发展起来的，这种色谱法以阴离子或阳离子交换树脂为固定相，电解质溶液为流动相(洗脱液)。图 5-2 是实验室常用的离子色谱仪。在分离阴离子时，常用 $NaHCO_3$-Na_2CO_3 的混合溶液或 Na_2CO_3 溶液作为洗脱液；在分离阳离子时，常用稀盐酸或稀硝酸溶液作为洗脱液。不同的待测离子与离子交换树脂的亲和力不同，致使它们在分离柱内具有不同的保留时间，从而使不同的待测离子可以通过洗脱而分离。此法常使用电导检测器进行检测。为消除洗脱液中强电解质电导对检测结果的影响，在分离柱和检测器之间通常串联一根抑制柱，从而将该方法变为双柱型离子色谱法(图 5-3)。

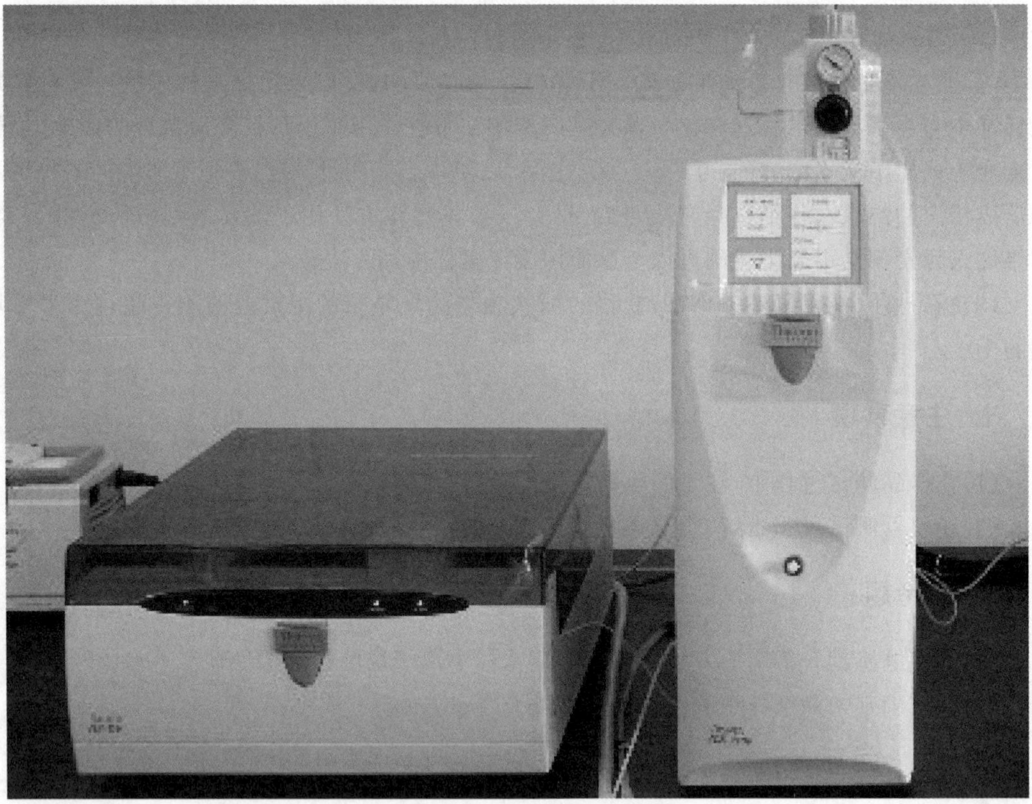

图 5-2　离子色谱仪

双柱型离子色谱仪由高压恒流泵、高压六通进样阀、分离柱、抑制柱、再生泵及电导检测器和记录仪等组成。充样时试液被截留在定量管内，用于统一进样量。当高压六通进样阀转向进样方向时，洗脱液由高压恒流泵输入，经定量管，试液被带入分离柱。在分离柱中发生如下交换过程

$$R\text{——}HCO_3 + MX \xrightarrow{\text{交换，洗脱}} RX + MHCO_3$$

式中，R 表示离子交换树脂，MX 表示待测化合物，其中 M^{n+} 表示化合物中的阳离子，X^{n-} 表示

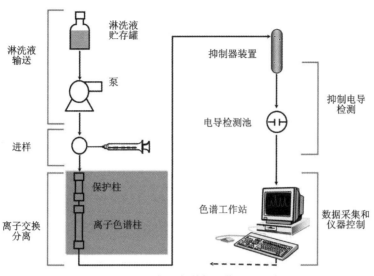

图 5-3　双柱型离子色谱仪工作流程示意图

待测阴离子。

洗脱液不断流过分离柱,使交换吸附在阴离子交换树脂上的各种阴离子 X^{n-} 被洗脱。各种阴离子在不断进行交换吸附和洗脱过程中,由于与树脂的亲和力不同,交换和洗脱过程发生时间也有所不同,亲和力小的阴离子先流出分离柱,亲和力大的阴离子后流出分离柱,不同离子得到分离。

在使用电导检测器时,当待测阴离子从分离柱中被洗脱出来直接进入电导池时,要求电导检测器能随时检测出洗脱液电导的变化,但因洗脱液中 HCO_3^-、CO_3^{2-} 的浓度要比试样阴离子浓度大得多,因而电导检测器难以检测出试液离子浓度变化所导致的电导变化。若分离柱流出的洗脱液先通过填充有高容量 H^+ 型阳离子交换树脂柱(即抑制柱),则在抑制柱上将发生如下交换反应

$$R\text{——}H^+ + Na^+ + HCO_3^- \longrightarrow R\text{——}Na^+ + H_2CO_3$$
$$R\text{——}H^+ + 2Na^+ + CO_3^{2-} \longrightarrow R\text{——}Na^+ + H_2CO_3$$
$$R\text{——}H^+ + M^+ + X^- \longrightarrow R\text{——}M^+ + HX$$

可见,从抑制柱流出的洗脱液中的 $NaHCO_3$、Na_2CO_3 已被转变成电导很小的 H_2CO_3,消除了本底电导的影响,而且试样阴离子 X^{n-} 也转变成相应的酸。由于 H^+ 的浓度是金属离子浓度的 7 倍,因而试样中离子,电导的测定得以实现。图 5-4 为 7 种标准样品中不同离子在离子色谱仪中的分离谱图。

除上述填充阳离子交换树脂抑制柱外,还有纤维状带电膜抑制柱、中空纤维管抑制柱、电渗析离子交换膜抑制器、薄膜型抑制器等。它们的抑制机制虽有不同,但共同点是都可以消除洗脱液本底电导的干扰。其中,电渗析离子交换膜抑制器不包括双柱型离子色谱仪中的抑制柱、再生泵、高压六通阀及其输液流路系统,是一种不需再生操作即能达到抑制本底电导的新型离子色谱仪,大大简化了仪器操作和维护流程。

由于离子色谱法具有高效、高速、高灵敏和选择性好等特点,被广泛应用于环境监测、化

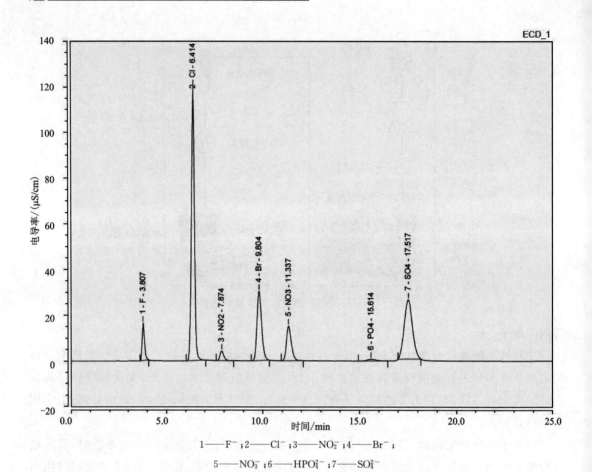

图 5-4　8 种阴离子标准溶液色谱图（碳酸盐体系）

工、生化、食品、能源等各领域中的无机阴、阳离子和有机化合物的分析中。此外,离子色谱法还能应用于分析离子价态、化合形态和金属络合物等。

三、实验仪器与材料

(1)仪器:离子色谱仪（配自动进样器）、超声波发生器、电子天平（绝对精度分度值为0.000 1g）。

(2)玻璃仪器:容量瓶(500mL、1L)、烧杯(50mL、500mL、1L)、量筒(500mL)、玻璃棒。

(3)其他材料:移液器(1mL、5mL)、药匙、称量纸、水系滤膜(孔径为 0.45 μm)。

四、实验试剂

本实验所用的水均为经微孔滤膜过滤的一级去离子水,其电导率小于 5μS/cm。

(1)洗脱贮备液(NaHCO$_3$-Na$_2$CO$_3$):称取适量 Na$_2$CO$_3$ 于 105℃条件下烘干 2h,并保存于干燥器内,待用。准确称取 26.04g NaHCO$_3$ 和 25.44g Na$_2$CO$_3$,溶于水中,将溶液转移到 1L 容量瓶中,用去离子水稀释至刻线,摇匀。该洗脱贮备液中 NaHCO$_3$ 的浓度为 0.31mol/L, Na$_2$CO$_3$ 的浓度为 0.24mol/L。

（2）洗脱使用液（即洗脱液）：吸取上述洗脱贮备液 10.00mL 于 1L 容量瓶中，用去离子水稀释至刻线，摇匀，即得 0.003 1mol/L NaHCO₃-0.002 4mol/L Na₂CO₃ 洗脱液，备用。

（3）阴离子标准贮备液：由于实验室内自行配制的标准溶液纯度和准确度有限，建议优先购买含有 F^-、Cl^-、Br^-、SO_4^{2-}、PO_4^{3-}、NO_2^- 和 NO_3^- 等的持证混合标准贮备液或单标贮备液，一般浓度均为 1.00g/L，用于稀释配制标准系列溶液。若无条件，可以考虑按照步骤（2）自行配制阴离子贮备液。

（4）7 种阴离子标准贮备液：分别取适量优级纯 K_2SO_4 和 $NaNO_3$ 于 105℃ 条件下烘干 24h，保存在干燥器内，备用。分别称取相应质量的（表 5-3）优级纯 NaF、KCl、NaBr、NaNO₂、NaNO₃、K_2SO_4 和 NaH_2PO_4，溶于水中，将溶液转移到 7 只 1L 容量瓶中，各加入 1.00mL 洗脱贮备液，并用去离子水稀释至刻线，摇匀，备用。7 种标准贮备液中 F^-、Cl^-、Br^-、NO_2^-、NO_3^-、SO_4^{2-} 和 PO_4^{3-} 各阴离子的质量浓度均为 1.00g/L。

表 5-3　标准贮备液中各标准物质的质量

标准贮备液	NaF	KCl	NaBr	NaNO₂	NaNO₃	K₂SO₄	NaH₂PO₄
质量/g	2.210 1	2.103 0	1.287 8	1.499 7	1.370 7	1.814 0	1.263 1

（5）单一阴离子标准使用液：分别吸取 7 种阴离子标准贮备液置于 7 只 50mL 容量瓶中，各加入洗脱贮备液 0.5mL，用去离子水稀释至刻线，摇匀，备用。

（6）7 种阴离子的系列混合标准溶液：针对对天然地下和地表淡水样品阴离子浓度的测定，本实验设计的 7 种阴离子浓度不超过 100mg/L。依次吸取上述 7 种标准贮备液，吸取体积如表 5-4 所示，分别置于 500mL 容量瓶中，再加入 5.00mL 洗脱贮备液，然后用去离子水定容至刻线，摇匀，该系列混合标准中各阴离子浓度依次为 0mg/L、0.5mg/L、2mg/L、5mg/L、10mg/L、20mg/L、50mg/L、100mg/L。注意在吸取标准贮备液过程中，应避免污染贮备液。

表 5-4　系列混合标准溶液吸取贮备液体积

标准溶液浓度/(mg/L，以阴离子计)	0	0.5	2	5	10	20	50	100
吸取贮备液体积/mL	0	0.25	1	2.5	5	10	25	50

（7）抑制液（0.1mol/L H_2SO_4 和 0.1mol/L H_3BO_3 混合液）：准确称取 6.2g H_3BO_3 于 1000mL 烧杯中，加入约 800mL 去离子水溶解，用玻璃棒边搅拌边缓慢加入 56mL 浓硫酸，将溶液转移到 1L 容量瓶中，用去离子水稀释至刻线，摇匀。

（8）柱保护液：柱保护液为 3% H_3BO_3 溶液，准确称取 15g H_3BO_3 溶解于 500mL 去离子水中，摇匀，待用。

五、分析步骤

1.仪器调试

根据仪器型号及测试条件要求，调整好如下仪器参数。

分离柱:Φ4mm×300mm,内填直径为 $10\mu m$ 阴离子交换树脂。

抑制剂:电渗析离子交换膜抑制器,抑制电流 48mA。

洗脱液:$NaHCO_3$-Na_2CO_3 溶液经超声波脱气,流量为 2.0mL/min。

柱保护液:3‰ H_3BO_3 溶液。

电导池:5 极。

主机量程:$5\mu S$。

进样量:$100\mu L$。

将仪器按照操作步骤调节至可进样状态,待仪器上液路和电路系统达到平衡后,记录仪基线呈一直线,即可编写样品编号,将样品按顺序装入自动进样器,开始测样。

2.阴离子出峰时间

将 7 种单一阴离子标准使用液倒入自动进样瓶,重复测试 3 次,分别查看 F^-、Cl^-、Br^-、NO_2^-、NO_3^-、PO_4^{3-} 和 SO_4^{2-} 各阴离子的保留时间,并记录。

3.标准曲线的绘制

将系列标准溶液按顺序装入自动进样瓶中,开始测试阴离子标准曲线,每个浓度重复测试 3 次。测试完毕后,查看标准曲线拟合系数,应大于或等于 0.999;否则,查找原因,排除干扰因素后重新测试标准曲线。

4.水样分析

取未知水样 50mL,经孔径为 $0.45\mu m$ 微孔水系滤膜过滤后,装入自动进样瓶;在测试软件上,编写测样编号,每测试 10 个水样可以加入 1~2 个标准溶液,检测离子色谱测试状态。

六、数据记录与处理

(1)阴离子保留时间。

测量各阴离子使用液色谱峰的保留时间 t_R,并填入表 5-5 中。

表 5-5   标准溶液中各阴离子保留时间

	次数	F^-	Cl^-	Br^-	NO_2^-	NO_3^-	PO_4^{3-}	SO_4^{2-}
t_R/s	1							
	2							
	3							
	平均值							

(2)测量系列混合标准溶液的谱图中各色谱峰对应的阴离子的保留时间,并与表 5-5 中各离子的保留时间相比较,确定各色谱峰对应何种组分。分别记录 7 种离子不同浓度时的峰面积和峰面积平均值(色谱数据处理机会自动输出这些数据)。分别绘制离子浓度与峰面积

的散点图,并拟合标准曲线,若标准曲线相关系数不小于 0.999,则该标准曲线可继续用于计算样品中各离子浓度。

(3)确定未知水样色谱图中各色谱峰所代表的组分,记录峰面积,利用相应的工作曲线线性关系计算各组分的含量。若测试前样品经过稀释,需要校正稀释倍数。

七、注意事项

(1)因离子色谱柱较为昂贵,所以应注意保护色谱柱。每次使用完后,应按照操作步骤,将色谱柱用去离子水(或洗脱液)冲洗干净。

(2)待测水样不应是被严重污染的水样,否则应进行前期处理,以免污染色谱柱。

(3)洗脱液须经超声处理 30min 脱气,避免气泡进入色谱仪影响仪器运行状态。

八、思考题

(1)电导检测器为什么可以作为离子色谱图分析的检测器?

(2)为什么在试液中都要加入洗脱液?

(3)为什么离子色谱分离柱不需要再生,而抑制柱则需要再生?抑制柱如何再生?

第五节　水中总磷的测定

一、实验目的

(1)理解水中总磷的含义。

(2)掌握钼酸铵分光光度测试方法,并熟练掌握分光光度计的基本工作原理。

二、实验原理

水样中的总磷包括溶解的、未溶解的有机磷和无机磷。在中性条件下用过硫酸钾(或硝酸-高氯酸)使未经过滤的试样消解,将试样中的含磷物质全部氧化为正磷酸盐。随后,在酸性介质中,正磷酸盐与钼酸铵反应,在锑盐存在的条件下生成磷钼杂多酸后,立即被抗坏血酸还原,生成蓝色的络合物,用分光光度计测试蓝色络合物浓度。本方法主要参照《水质　总磷的测定　钼酸铵分光光度法》(GB 11893—1989)。本方法适用于地面水、污水和工业废水中总磷的测定。取 25mL 试样,本方法的最低检出浓度为 0.01mg/L,测定上限为 0.6mg/L,在酸性条件下,砷、铬、硫干扰总磷含量的测定。

三、实验仪器与材料

(1)仪器:分光光度计、医用手提式蒸气消毒器或一般压力锅(1.1～1.4kg/cm²)、电子天平(绝对精度分度值为 0.000 1g)、干燥箱、加热板。

(2)玻璃仪器:量筒(50mL、500mL)、烧杯(100mL、250mL、1L)、容量瓶(100mL、250mL、

1L)、棕色试剂瓶(100mL)、玻璃棒、玻璃试剂瓶(1L)、具塞(磨口)刻度管(50mL)、锥形瓶(250mL)、移液管(1mL、5mL)、锥形瓶(250mL)。(注:所有玻璃器均应用稀盐酸或稀硝酸浸泡。)

(3)其他材料:药匙、称量纸、pH 试纸、玻璃珠。

四、实验试剂

本实验所用试剂除另有说明外,均应使用符合国家标准或专业标准的分析试剂,本实验所用的水为去离子水。

(1)(1+1)硫酸溶液:取 200mL 去离子水于 500mL 烧杯中,取 200mL 浓硫酸(密度为 1.84g/cm³),边用玻璃棒搅拌,边将浓硫酸缓慢倒入烧杯中,搅拌均匀,备用。

(2)硫酸溶液($c_{H_2SO_4} \approx 0.5$mol/L):取 27mL 浓硫酸(密度为 1.84g/cm³),边用玻璃棒缓慢搅拌,边将浓硫酸缓慢加入 973mL 去离子水中。

(3)氢氧化钠溶液($c_{NaOH} = 1$mol/L):将 40g 氢氧化钠缓慢溶于适量去离子水中,用玻璃棒搅拌至完全溶解,并用去离子水定容至 1000mL。

(4)氢氧化钠溶液($c_{NaOH} = 6$mol/L):将 240g 氢氧化钠缓慢溶于适量去离子水中,用玻璃棒不断搅拌至完全溶解,用去离子水定容至 1000mL。

(5)过硫酸钾溶液($c_{K_2S_2O_8} = 50$g/L):将 5g 过硫酸钾($K_2S_4O_8$)溶解于适量去离子水,并定容至 100mL。

(6)抗坏血酸溶液($c_{C_6H_8O_6} = 100$g/L):将 10g 抗坏血酸($C_6H_8O_6$)溶解于去离子水中,定容至 100mL。此溶液贮存于棕色试剂瓶中,在 2~8℃条件下可稳定几周。如不变色可长时间使用。

(7)钼酸盐溶液:将 13g 钼酸铵((NH_4)$_6Mo_7O_{24}$·$4H_2O$)溶解于 100mL 水中,溶解0.35g 酒石酸锑钾($KSbC_4H_4O_7$·$1/2H_2O$)于 100mL 水中。用玻璃棒不断搅拌,把钼酸铵溶液徐徐加到 300mL(1+1)硫酸溶液中,加入酒石酸锑钾溶液,混合均匀。将此溶液贮存于棕色试剂瓶中,在 2~8℃条件下可保存 2 个月。

(8)浊度-色度补偿液:将(1+1)硫酸溶液和抗坏血酸溶液按照体积比为 2:1 的比例,混合均匀,使用当天配制。

(9)磷标准贮备溶液($c_P = 50$mg/L,以磷计):称取适量磷酸二氢钾(KH_2PO_4)于 110℃条件下干燥 2h,在干燥器中放置至室温,准确称取(0.219 7g±0.001g)KH_2PO_4,用去离子水溶解后转移至 1L 容量瓶中,加入大约 800mL 去离子水和 5mL(1+1)硫酸溶液,用去离子水稀释至刻度线并混匀。1.00mL 此标准溶液含 50.0μg 磷。本溶液在玻璃瓶中可贮存至少 6 个月。

(10)磷标准溶液($c_P = 2$mg/L):将 10.0mL 的磷标准贮备溶液转移至 250mL 容量瓶中,用去离子水定容至刻线,混匀。1.00mL 此标准溶液含 2.0μg 磷。使用当天配制。

(11)酚酞溶液($c = 10$g/L):准确称取 0.5g 酚酞溶于 50mL 浓度为 95%乙醇中,摇匀。

(12)浓硝酸(HNO_3):密度为 1.4g/cm³。

(13)高氯酸($HClO_4$):优级纯,密度为 1.68g/cm³。

五、实验步骤

1. 工作曲线的绘制

取 7 支 50mL 具塞刻度管分别加入 0mL、0.50mL、1.00mL、3.00mL、5.00mL、10.0mL、15.0mL 磷标准溶液,加去离子水至 25mL 刻度线。各标准试样中磷元素的浓度依次为 0mg/L、0.04mg/L、0.08mg/L、0.24mg/L、0.40mg/L、0.80mg/L、1.20mg/L。

2. 消解

根据实验条件选择以下一种消解方法将标准试样消解。

(1)过硫酸钾消解:向试样中加 4mL 过硫酸钾溶液,将具塞刻度管的盖塞塞紧后,用一小块布和线将玻璃塞扎紧(或用其他方法固定)。将具塞刻度管放在大烧杯中,置于医用手提式蒸气消毒器中加热,待压力达 1.1kg/cm^2,相应温度为 120℃时,保持 30min 后停止加热。待压力表读数降至零后,取出大烧杯放冷,然后用去离子水将试样定容至 50mL。

(2)硝酸-高氯酸消解:取 25mL 试样于 250mL 锥形瓶中。向锥形瓶中加数颗玻璃珠,加 2mL 浓硝酸,在加热板上加热,使溶液浓缩至 10mL。冷却后加 5mL 浓硝酸(密度为 1.4g/cm^3),再加热浓缩至 10mL,放冷。加 3mL 高氯酸,加热至试样冒白烟,此时可在锥形瓶上加小漏斗或调节加热板温度,使消解液在锥形瓶内壁保持回流状态,直至剩下 3～4mL,放冷。加热蒸发过程中,绝不可把消解的试样蒸干。若消解后有残渣,用滤纸将试样过滤于具塞刻度管中,并用水充分清洗锥形瓶及滤纸,洗液一并移至具塞刻度管中。

向锥形瓶内加入去离子水 10mL 和 1 滴酚酞指示剂。滴加 1mol/L 氢氧化钠溶液至试样刚呈微红色,再滴加硫酸溶液使微红刚好退去,充分混匀。将试样移至 50mL 具塞刻度管中,用去离子水稀释至 50mL 刻度线。

3. 发色

分别向各份消解试样中加入 1mL 抗坏血酸溶液混匀,30s 后加入 2mL 钼酸盐溶液充分混匀,室温下将试样放置 15min 充分发色。若显色时室温低于 13℃,则在 20～30℃水浴上显色 15min 即可。

4. 吸光度测试

发色完成后,使用光程为 30mm 的比色皿,在 700nm 波长下,以去离子水做参比,测定试样的吸光度。绘制各标准的浓度 c_1(mg/L)与对应吸光度 A 散点图,拟合吸光度 A 与磷标准浓度 c_1 的线性方程,线性相关系数不小于 0.999。若不符合,排除原因后重新配制标准曲线,测试吸光度。

5. 样品制备与测试

(1)样品采集与保存:采集含磷量较少的水样,不要用塑料样品瓶采样,因磷酸盐易吸附在塑料壁上,一般用玻璃样品瓶采样。采集 500mL 水样后加入 1mL 浓硫酸(密度 1.84g/cm^3),调节样品 pH 值,使之小于或等于 1,或在样品内不加任何试剂于 2~4℃条件下保存。

(2)试样消解与发色:根据实验室条件选择与标准试样相同的消解和发色方法,若样品中磷浓度较高,可以减少取样体积。取时应仔细摇匀,以得到溶解部分和悬浮部分均具有代表性的试样。选用过硫酸钾消解前,先用氢氧化钠溶液(1mol/L)将试样调至中性,然后进行消解。

(3)空白试样:取 25mL 去离子水作为空白试样,与样品进行相同的消解、发色和测试步骤。若试样有浊度或色度时,需配制色度空白试样。将去离子水消解后定容至 50mL,然后向试样中加入 3mL 浊度-色度补偿液,但不加抗坏血酸溶液和钼酸盐溶液。计算试样的吸光度时应扣除色度空白试样的吸光度。

(4)试样测试:发色完成后,使用光程为 30mm 的比色皿,在 700nm 波长下,以去离子水作参比,测定吸光度。扣除(色度)空白试样的吸光度后,代入吸光度 A 与磷标准浓度的线性方程,计算得试样中磷的浓度。

六、数据记录与处理

1. 样品总磷浓度计算

总磷浓度以 $c(mg/L)$ 表示为

$$c = \frac{c_1 \times 25}{V}$$

式中:c_1 表示利用标准曲线计算得到的消解试样总磷浓度(mg/L);25 表示稀释后待消解试样体积(mL);V 表示所取样品体积(mL)。

2. 精密度与准确度

13 个实验室采用过硫酸钾消解方法测定磷浓度为 2.06mg/L 的同一样品,实验室内相对标准偏差为 0.75%,实验室间相对标准偏差为 1.5%,相对误差为 1.9%。

6 个实验室采用硝酸-高氯酸消解方法测定磷浓度为 2.06mg/L 的同一样品,实验室内相对标准偏差为 1.4%,实验室间相对标准偏差为 1.4%,相对误差为 1.9%。

七、注意事项

(1)用硝酸-高氯酸消解试样时,所有操作需要在通风橱中进行。高氯酸和有机物的混合物经加热易发生危险,需先用硝酸将试样消解,然后再加入硝酸-高氯酸进行消解。

(2)水样中的有机物用过硫酸钾不能完全氧化时,可用硝酸-高氯酸消解。

(3)试样中砷浓度大于 2mg/L 时会干扰测定,用硫代硫酸钠去除。硫化物浓度大于 2mg/L 时会干扰测定,通氮气去除。铬浓度大于 50mg/L 时会干扰测定,用亚硫酸钠去除。

八、思考题

(1)为何用过硫酸钾方法消解试样时,需要将试样调至中性?

(2)天然水体、工业废水等样品中的磷一般以何种形态存在?

第六节　水中挥发酚的测定(4-氨基安替比林萃取光度法)

一、实验目的

(1)熟悉水中挥发酚的预蒸馏方法。

(2)掌握用 4-氨基安替比林萃取光度法测定水中挥发酚的原理和测定方法。

二、实验原理

4-氨基安替比林(4-AAP)与酚类化合物在 pH=10.0±0.2 的溶液中,在氧化剂铁氰化钾 $K_3Fe(CN)_6$ 作用下,生成橙红色的吲哚酚安替比林染料。该染料的水溶液在波长 $\lambda=510nm$ 处吸光度较强,且在此波长处溶液吸光度值与酚类化合物的浓度呈线性关系,其最低检出限为 0.1mg/L。此外,该染料的 $CHCl_3$ 萃取液在波长 $\lambda=460nm$ 的吸光度值,同样与水样中酚类化合物的浓度呈线性关系,该方法的最低检出限为 0.002mg/L,测定上限为 0.12mg/L。

在苯酚溶液的标定过程中,溴酸根与溴离子在酸性、黑暗条件下生成溴单质。氧化性的溴单质与苯酚反应生成三溴苯酚白色沉淀,沉淀可溶于溴水,溶液呈黄色。随后加入过量碘化钾,碘离子被剩余溴单质氧化为碘单质。后用淀粉作为指示剂,用标准硫代硫酸钠溶液滴定碘单质。涉及到的反应方程式为

$$BrO_3^- + 5Br^- + 6H^+ \Longrightarrow 3Br_2 + 3H_2O$$
$$C_6H_5OH + 3Br_2 \Longrightarrow C_6H_3OHBr_3 \downarrow + 3HBr$$
$$Br_2 + 2I^- \Longrightarrow 2Br^- + I_2$$
$$I_2 + 2Na_2S_2O_3 \Longrightarrow Na_2S_4O_6 + 2NaI$$

三、实验仪器与材料

(1)仪器:分光光度计、电子天平(绝对精度分度值为 0.000 1g)、pH 计。

(2)玻璃仪器:锥形分液漏斗(500mL)、全玻璃蒸馏器(500mL)、容量瓶(100mL、1L)、烧杯(100mL、)、玻璃棒、棕色试剂瓶(100mL、)、试剂瓶(100mL、配有橡皮塞)、移液管(1mL、5mL、10mL)、碘量瓶(250mL)、酸式滴定管、比色皿。

(3)其他材料:药匙、称量纸、干脱脂棉、玻璃珠。

四、实验试剂

(1)三氯甲烷(氯仿)。

(2)2%(m/V)4-氨基安替比林溶液:准确称取 2g 4-氨基安替比林($C_{11}H_{13}N_3O$),溶于去离子水中,稀释至 100mL,贮存于棕色试剂瓶中,冰箱内 2~5℃可保存一周。

(3)8%(m/V)铁氰化钾溶液:准确称取 8g 铁氰化钾($K_3Fe(CN)_6$)溶于去离子水中,稀释至 100mL,贮存于棕色试剂瓶中,冰箱内 2~5℃可保存一周。

(4)缓冲溶液(pH=9.8):准确称取 20g 氯化铵(NH_4Cl),溶于 100mL 氨水中,贮存于配有橡皮塞的试剂瓶中,冰箱内 2~5℃保存。

(5)苯酚标准贮备液($c_{C_6H_5OH}=1g/L$):准确称取 1g 无色苯酚(C_6H_5OH)溶于去离子水,转移入 1L 容量瓶中,定容至刻度线,冰箱内 2~5℃保存。

(6)苯酚标准溶液:吸取苯酚贮备液 10.00mL 于 1L 容量瓶中,用去离子水定容至刻线,得苯酚标准中间液,浓度为 10mg/L。再吸取此溶液 10.00mL,用水稀释至 100mL,则得苯酚标准溶液,浓度为 1mg/L。现用现配。

(7)溴酸钾–溴化钾标准参考溶液($c_{KBrO_3}=0.016\ 7mol/L$):准确称取 2.789g 溴酸钾($KBrO_3$)溶于去离子水,加入 10g 溴化钾(KBr),溶解后,将溶液转移入 1000mL 容量瓶中,用去离子水定容至刻度线。

(8)硫代硫酸钠标准溶液($c_{Na_2S_3O_3}=0.100\ 0mol/L$):准确称取 15.810 8g 硫代硫酸钠($Na_2S_3O_3$)溶于去离子水中,加入 0.2g$Na_2CO_3$,将溶液转移至 1L 容量瓶,用去离子水定容至刻度线,混匀。将溶液贮存于棕色试剂瓶中。

(9)硫酸铜溶液($c_{CuSO_4 \cdot 5H_2O}=100g/L$):准确称取 10g 硫酸铜($CuSO_4 \cdot 5H_2O$)溶于去离子水,稀释至 100mL。

(10)磷酸溶液:吸取 10mL 浓度为 85‰H_3PO_4,用水稀释至 100mL。

(11)浓盐酸,碘化钾,1‰淀粉溶液,0.05‰甲基橙水溶液。

(12)含苯酚水样(浓度为 0.002~0.060mg/L)。

五、实验步骤

1. 硫代硫酸钠标准溶液的标定

吸取 10.00mL 浓度为 0.025 0mol/L $K_2Cr_2O_7$ 标准溶液放入碘量瓶中,加入 50mL 去离子水和 1g 碘化钾,5mL(1+5)硫酸溶液,放置 5min 后,用待标定的 $Na_2S_3O_3$ 标准贮备溶液滴定至淡黄色,加入 1mL 浓度为 1‰淀粉溶液,继续滴定至蓝色刚好变为亮绿色(Cr^{3+} 的颜色)为止。记录$Na_2S_3O_3$溶液消耗体积,取其平均值 V。

2. 苯酚标准溶液的标定

吸取 10.00mL 苯酚标准溶液($c_{C_6H_5OH}=1mg/L$)于 250mL 碘量瓶中,加入去离子水稀释到 100mL,加入 10.00mL 浓度为 0.1mol/L 溴酸钾–溴化钾溶液。立即加入 5mL 浓盐酸,盖上瓶塞,混匀,在暗处放置 10min。加入 1g 碘化钾(KI),盖上瓶塞,混匀,在暗处放置 5min。用 0.100 0mol/L 硫代硫酸钠标准溶液滴定至淡黄色,加入 1mL 浓度为 1‰淀粉溶液,继续滴定至蓝色刚好褪去,记录硫代硫酸钠标准溶液用量 V_1。同时以去离子水作空白试验,记录硫代硫酸钠标准溶液用量 V_0。

3. 苯酚标准曲线绘制

(1)取 8 个 500mL 分液漏斗,分别放入 100mL 去离子水,吸取 0.00mL(空白试样)、

0.50mL、1.00mL、3.00mL、5.00mL、7.00mL、10.00mL 和 15.00mL 苯酚标准溶液($c_{C_6H_5OH}=$ 1mg/L)分别放入分液漏斗中,用去离子水定容至 250mL。加 2.0mL 缓冲溶液,混匀。加 1.50mL 4-氨基安替比林溶液,混匀。再加 1.5mL 铁氰化钾溶液,混匀,放置 10min。

(2)准确加入 10.0mL 氯仿,盖上塞子,萃取 2min,静置分层。用干脱脂棉拭干分液漏斗颈管内壁,于颈管内塞一束干脱脂棉或滤纸。放出分液漏斗底部氯仿层,弃去最初滤出的数滴萃取液后,直接放入 2cm 比色皿中,在波长 460nm 处以空白试样调零,测定剩余标准试样吸光度。

4. 水样的预蒸馏

(1)若水样中酚类化合物浓度小于 0.05mg/L 时,取 250mL 水样于蒸馏瓶中,加 2 滴甲基橙指示剂,用磷酸溶液调节 pH=4(溶液呈橙红色),加 5.0mL 硫酸铜溶液,投入几粒玻璃珠。

(2)连接冷凝器,加热蒸馏,用碘量瓶接收蒸馏液。先蒸馏出 220mL,停止加热,放冷。向蒸馏瓶中加 30mL 蒸馏水,继续蒸馏至馏出液总体积为 250mL 为止。

5. 水样的测定

将水样预蒸馏馏出液转入 500mL 分液漏斗中(或取一定量馏出液,稀释至 250mL 后,转入分液漏斗中)。用与绘制标准曲线相同的步骤操作,测试样品吸光度。

六、数据记录与处理

1. 硫代硫酸钠标准溶液的标定

硫代硫酸钠标准溶液的浓度计算式为

$$c_{Na_2S_2O_3}=\frac{c_{K_2Cr_2O_7}\times10.00}{6\times V}$$

式中:$c_{Na_2S_2O_3}$ 表示硫代硫酸钠标准溶液的浓度(mol/L);$c_{K_2Cr_2O_7}$ 表示重铬酸钾标准溶液的浓度(mol/L);V_1 表示硫代硫酸钠标准溶液的用量(mL);10.00 表示吸取重铬酸钾标准溶液的体积(mL)。

2. 苯酚标准溶液浓度的标定

苯酚标准溶液的浓度计算式为

$$c_{C_6H_5OH}=\frac{(V_0-V_1)\frac{c_{Na_2S_2O_3}}{6}\times94.111}{V}\times1000$$

式中:$c_{C_6H_5OH}$ 表示苯酚标准溶液浓度(mg/L);V_0 表示空白试验中硫代硫酸钠标准溶液用量(mL);V_1 表示滴定酚贮备液时,硫代硫酸钠标准溶液用量(mL);$c_{Na_2S_2O_3}$ 表示硫代硫酸钠标准溶液浓度(mol/L);94.111 表示苯酚的摩尔质量($1/6 C_6H_5OH$,g/mol);V 表示取苯酚贮备液的体积(mL)。

3. 苯酚标准曲线绘制

标准曲线绘制过程中,数据记录见表 5-6。

表 5-6　苯酚标准曲线的数据记录

标曲编号	1	2	3	4	5	6	7	8
苯酚标准溶液体积/mL	0.0	0.50	1.00	3.00	5.00	7.00	10.00	15.00
试样苯酚质量/μg	0.00	$0.5c_{C_6H_5OH}$	$1c_{C_6H_5OH}$	$3c_{C_6H_5OH}$	$5c_{C_6H_5OH}$	$7c_{C_6H_5OH}$	$10c_{C_6H_5OH}$	$15c_{C_6H_5OH}$
吸光度 A								

以标准曲线各点吸光度值 A 为纵坐标,以对应试样的苯酚质量 $m(\mu g)$ 为横坐标绘制标准曲线,获得试样苯酚质量 $m(\mu g)$ 与其对应吸光度 A 之间的线性方程。

4. 水样中挥发性酚的浓度计算

根据水样的吸光度,利用苯酚质量 $m(\mu g)$ 与吸光度 A 之间的线性方程,计算得到试样中酚类化合物的质量(μg),水样中挥发性酚的浓度计算式为

$$c_{C_6H_5OH} = \frac{m}{V_{H_2O}}$$

式中:m 表示水样中的苯酚质量(μg);V_{H_2O} 表示取水样的体积(mL);$c_{C_6H_5OH}$ 表示水样中挥发性酚的浓度(mg/L,以苯酚计)。

七、注意事项

(1)如配制苯酚标准溶液有颜色,表示苯酚变质,则需精制纯化。首先将苯酚在温水浴中熔化,倒入蒸馏瓶中,插上一支最大测量值为 250℃ 的温度计,加热蒸馏,空气冷凝收集 182~184℃ 蒸馏液于瓶外冷水冷却的锥形瓶中,冷却后苯酚为无色结晶体,贮存于暗处。

(2)水样中如有游离性余氯,可加入过量的硫酸亚铁将余氯还原为氯离子,然后蒸馏。

(3)若水样中酚类化合物浓度大于 0.05mg/L,可直接采用 4-氨基安替比林光度法在波长为 510nm 处测定。

八、思考题

(1)为什么标定苯酚标准贮备液的准确浓度时,必须在碘量瓶中进行?若用锥形瓶代替碘量瓶会产生什么影响?

(2)测定水样中挥发性酚、氰化物和氨时,为什么要预蒸馏?

第七节　水中铬的测定(火焰原子吸收分光光度法)

一、实验目的

(1)掌握火焰原子吸收分光光度计的工作原理和使用方法。

(2)掌握用火焰原子吸收分光光度法测定铬的原理和方法。

(3)掌握水样中金属的消解方法。

二、实验原理

试样经过滤或消解后喷入富燃性空气-乙炔火焰,在高温火焰中形成铬基态原子,对铬空心阴极灯或连续光源发射的特征谱线(357.9nm)产生选择性吸收。在一定条件下,特征谱线的强度与铬的浓度成正比,将被测样品吸光度与标准溶液吸光度相比较,即可算出试样中铬的浓度。

三、实验仪器与材料

(1)仪器:电子天平(绝对精度分度值为 0.000 1g)、火焰原子吸收分光光度计及相应的辅助设备、光源(铬空心阴极灯或具有波长为 357.9nm 的连续光源)、温控电热板(温度范围为室温至200℃)、微波消解仪(微波功率为 600～1500W,温控精度能达到±2.5℃,配备微波消解罐)。

(2)玻璃仪器:容量瓶(100mL、1L)、表面皿或小漏斗、移液管(1mL、5mL)。

(3)其他材料:药匙、称量纸、滤膜(孔径为 0.45μm)。

四、实验试剂

(1)浓盐酸($HCl,\rho=1.19g/mL$),优级纯。

(2)(1+1)盐酸溶液:浓盐酸与去离子水体积比为 1:1,混合均匀。

(3)硝酸(HNO_3,1.42g/mL),优级纯。

(4)(1+9)硝酸溶液:浓硝酸与去离子水体积比为 1:9,混合均匀。

(5)过氧化氢(30%)。

(6)氯化铵溶液($\rho=100g/L$):准确称取 10g 氯化铵(NH_4Cl),用少量去离子水溶解,移至100mL 容量瓶,用去离子水定容至刻线,摇匀。

(7)铬标准贮备液($c_{K_2Cr_2O_7}=1000mg/L$):称取适量重铬酸钾($K_2Cr_2O_7$)基准试剂,在(120±2)℃烘干 2h 至质量恒定,准确称取 0.282 9g $K_2Cr_2O_7$,用少量水溶解后,转移到100mL 容量瓶中,加入 0.5mL 浓硝酸,然后用去离子水稀释至刻线,摇匀。用聚乙烯瓶或硼硅酸盐玻璃瓶保存,放在避光暗处,室温保存,pH 值控制在 1～2,可保存 1 年。也可购买市售有证标准物质。

(8)铬标准溶液($c_{K_2Cr_2O_7}=50.0mg/L$):量取 5.00mL 铬标准贮备液至 100mL 容量瓶中，加入 0.1mL 硝酸，用去离子水定容至刻线，可保存 1 个月。

(9)燃气:乙炔，纯度 99.6%。

(10)助燃气:空气，进入燃烧器之前应经过适当过滤以除去其中的水、油和其他杂质。

五、实验步骤

1.水样采集和保存

水样采集参照相关规定执行。在现场采集时水样应经孔径为 $0.45\mu m$ 水系滤膜过滤，加入浓硝酸酸化至 pH<2，无顶空密封保存在 2~5℃环境，14d 内测定。

2.试样的制备

(1)电热板消解法:取 50.0mL 混合均匀的水样于 150mL 烧杯或锥形瓶中，加入硝酸 5mL，盖上表面皿或小漏斗，置于温控电热板上，保持电热板温度 180℃，不沸腾加热回流 30min。移去表面皿或小漏斗，蒸发至溶液体积为 5mL 左右时停止加热。待冷却后，再加入硝酸 5mL，盖上表面皿或小漏斗，继续加热回流。如果有棕色烟生成，重复上一步骤(每次加入硝酸 5mL)，直到不再有棕色的烟生成，将溶液蒸发浓缩至 5mL 左右。待上述溶液冷却后，缓慢加入 3mL 过氧化氢，继续盖上表面皿或小漏斗，并保持电热板温度 95℃，加热至不再有大量气泡产生，待溶液冷却，继续加入过氧化氢，每次为 1mL，直至只有细微气泡或外观大致不发生变化，移去表面皿或小漏斗，继续加热，直到溶液体积蒸发至约 5mL。溶液冷却后，转移至 50mL 容量瓶中，并用适量去离子水淋洗烧杯或锥形瓶内壁至少 3 次，洗液转移至容量瓶中，加入 5mL 氯化铵溶液和 3mL 盐酸溶液，用去离子水定容至刻度线。

(2)微波消解法:样品消解参照《水质　金属总量的消解　微波消解法》(HJ 678—2013)的相关方法进行操作，消解液转移到 50mL 容量瓶中，加入 5mL 氯化铵溶液和 1mL 盐酸溶液，用去离子水定容至刻线。低浓度样品也可用电热板加热浓缩，移至 25mL 容量瓶中，加入 2.5mL 氯化铵溶液和 0.5mL 盐酸溶液，用去离子水定容至刻度线。

(3)空白试样的制备:用去离子水代替水样，按(1)或(2)步骤制备试样。

3.分析步骤

(1)仪器调试。按照火焰原子吸收分光光度计操作说明书调节仪器至最佳工作状态，参考测量条件见表 5-7。

表 5-7　仪器参考测量条件

参考测量条件	参数值
灯电流/mA	10
燃烧器高度/mm	10

表 5-7(续)

参考测量条件	参数值
波长/nm	357.9
燃烧器角度/(°)	0
通带宽度/nm	0.2
狭缝/nm	0.5
燃气流量/(L/min)	2.8
灯型	NON-BGC

(2)标准曲线的绘制。准确移取 0.00mL、0.50mL、1.00mL、2.00mL、3.00mL、4.00mL、5.00mL 铬标准溶液分别置于 50mL 容量瓶中,分别加入 5mL 氯化铵溶液、3mL 盐酸溶液,加去离子水定容至刻线,摇匀。对应的标准系列铬质量浓度分别为 0.00mg/L、0.50mg/L、1.00mg/L、2.00mg/L、3.00mg/L、4.00mg/L 和 5.00mg/L。按照调好的参数测定条件,从低浓度到高浓度依次测量标准系列溶液的吸光度。以铬的质量浓度(mg/L)为横坐标,以其对应的扣除空白试样浓度后的吸光度为纵坐标,绘制标准曲线,获得铬的质量浓度(c_1,mg/L)与吸光度 A 之间的线性方程。

(3)试样和空白试样的测定。仪器用水调零后,吸入空白试样和试样测定吸光度,利用铬的质量浓度(c_1,mg/L)与吸光度 A 之间的线性方程,计算获得试样中铬的质量浓度(mg/L)和试样扣除空白试样后的浓度,最后得到水样浓度(mg/L)。

六、数据记录与处理

(1)水样中铬的质量浓度计算式为

$$c = \frac{(c_1 - c_0) \times V_1 \times f}{V}$$

式中:c 表示水样中总铬的质量浓度(mg/L);c_1 表示由标准曲线线性方程计算得到的试样中总铬的质量浓度(mg/L);c_0 表示由标准曲线得到的空白试样中总铬的质量浓度(mg/L);V_1 表示水样制备后定容体积(mL);V 表示取样体积(mL);f 表示稀释倍数。

(2)结果表示:测定结果小于 1mg/L 时,保留小数点后 2 位;测量结果大于等于 1mg/L 时,保留 3 位有效数字。

七、注意事项

(1)加入氯化铵可消除 Fe、Co、Ni、Pb、Al、Mg 等元素的干扰,同时氯化铵也是助溶剂,可以防止铬在火焰中生成高温难熔的氧化物。铬原子对燃气、助燃气比例极其敏感,氧化性火焰虽能减少干扰,但是灵敏度很低,因此宜用还原性火焰测定。

(2)须提前预热火焰原子吸收分光光度计的测试灯,且稳定后再进行样品测试。

(3)不得使用重铬酸钾洗液清洗实验所用的玻璃仪器、聚乙烯容器等,须先用洗涤剂洗净,再用 10％硝酸溶液(分析纯)浸泡 24h 以上,使用前再依次用自来水和实验用水洗净、烘干。

八、质量保证与质量控制

(1)每批样品应至少包含一个实验室空白试样,其测定结果应低于方法检出限。

(2)每次分析样品均应重新绘制标准曲线,相关系数应不小于 0.999。

(3)每测试分析 10 个样品仪器应进行一次零点校正。分析一个标准曲线的中间点浓度标准溶液,其测定结果与标准曲线该点质量浓度的相对偏差应小于 10％,否则,须重新绘制标准曲线。

(4)每批样品应至少测定 10％的平行双样,样品数量少于 10 时,应至少测定一个平行双样,测定结果相对偏差小于 20％。

(5)每批样品应至少测定 10％的基体加标样品,样品数量少于 10 时,应至少测定一个加标样品,加标回收率应在 85％～115％之间。

九、思考题

在使用原子吸收分光光度法测定样品中金属元素浓度过程中,常见的干扰有哪些?如何抑制各种干扰?

第八节　水中砷的测定(原子荧光光谱法)

一、实验目的

(1)掌握原子荧光光谱仪的工作原理和使用方法。

(2)掌握用原子荧光光谱法测定水中砷的原理和方法。

二、实验原理

样品经预处理,其中各种形态的砷均转变成三价砷(As^{3+}),加入硼氢化钾(或硼氢化钠)使它与 As^{3+} 反应,生成气态氢化砷,用氩气将气态氢化砷载入原子化器进行原子化,以砷高强度空心阴极灯作激发光源,砷原子受光辐射激发产生荧光,检测原子荧光强度,利用荧光强度在一定范围内与溶液中砷浓度成正比的关系计算样品中的砷含量。本实验测试方法参照《水质　砷的测定　原子荧光光度法》(SL 327.1—2005)。

原子荧光光谱法是将氢化物发生技术与原子荧光光谱分析技术相结合测定水中砷含量,从而实现水样检测的新技术。原子荧光光谱法与二乙基二硫代氨基甲酸银分光光度法、硼氢化钾-硝酸银分光光度法相比,具有操作简便、用样量少、灵敏度和准确度高、测量重现性好、自动化程度高、适合大批量分析等特点。本方法适用于地表水、地下水、大气降水、污水及其再生利用水中砷的测定。方法检出限为 $0.2\mu g/L$。在 $1\sim200\mu g/L$ 范围内,线性良好。砷浓度大于 $200\mu g/L$ 的样品,可稀释后测定。

本实验采用氢化物发生法,使得待测元素与基体分离,共存离子和化合物不干扰测定。当砷浓度为 $11.42\mu g/L$ 时,若共存离子分别为 $1000\mu g/L$ 三价铁、$1010\mu g/L$ 二价锰、$1000\mu g/L$ 二价镍、$13\,090\mu g/L$ 二价锌、$10\,000\mu g/L$ 六价铬、$200\mu g/L$ 二价汞、$20\mu g/L$ 二价铅,则这些离子对测定无干扰。

三、实验仪器与材料

(1)仪器:原子荧光光度计、砷高强度空心阴极灯、2kW 电热板、电子天平(绝对精度分度值为 $0.000\,1g$)。

(2)玻璃仪器:量筒、容量瓶(100mL、1L)、烧杯(50mL、500mL、1L)、玻璃棒、移液管(1mL、5mL)。

(3)其他材料:药匙、称量纸。

四、实验试剂

本实验所用水均指去离子水或同等纯度的水。

(1)高氯酸($HClO_4$),$\rho=1.67g/mL$,优级纯。

(2)50%盐酸溶液(体积分数):量取 50mL 浓盐酸(HCl,$\rho=1.18g/mL$,优级纯),缓慢加入 50mL 去离子水中,摇匀。

(3)5%盐酸溶液(体积分数):量取 50mL 盐酸(HCl,$\rho=1.18g/mL$,优级纯),缓慢加入 950mL 去离子水中,摇匀。

(4)硫脲(50g/L)-抗坏血酸(50g/L)混合溶液:准确称取 10g 硫脲和 10g 抗坏血酸溶于 200mL 去离子水中,现用现配。

(5)硼氢化钾(或硼氢化钠,20g/L)溶液:准确称取 2.5g 氢氧化钾(KOH,优级纯),溶于 500mL 去离子水中,后准确称取 10g 硼氢化钾(或硼氢化钠),溶于氢氧化钾溶液,摇匀。

(6)砷标准贮备液($c_{As}=1000mg/L$,购置标准液或自行配制):称取适量三氧化二砷(As_2O_3,剧毒)在硅胶干燥器内干燥至质量恒定,准确称取 $1.320\,3g\ As_2O_3$,溶解于 25mL 浓度为 20% 氢氧化钾溶液,用 20%硫酸($\rho=1.84g/mL$,优级纯)定容至 1000mL,摇匀,此溶液砷的浓度为 1000mg/L。

(7)硝酸(HNO_3,$\rho=1.42g/mL$),优级纯。

(8)砷标准中间溶液($c_{As}=10.00mg/L$):准确移取浓度为 1000mg/L 的砷标准贮备液 10.0mL,转入 100mL 容量瓶中,用去离子水定容至刻线,摇匀,此溶液砷的浓度为 10.0mg/L。

(9)砷标准溶液($c_{As}=1.00mg/L$):准确移取浓度为 10.0mg/L 的砷标准中间溶液 10.0mL,转移入 100mL 容量瓶中,用去离子水定容至刻线,摇匀,此溶液砷的浓度为 1.00mg/L。

(10)氩气:纯度99.99%以上。

五、实验步骤

1. 水样的保存

采样后水样滴加硝酸(优级纯),酸化至pH<2或浓度为1%,可保持稳定数月。

2. 水样的预处理

清洁透明的水样:准确移取适量水样(视浓度而定,体积精确至0.1mL)置于50mL容量瓶中,依次加50%盐酸溶液10.0mL,硫脲-抗坏血酸混合溶液5.0mL,用去离子水定容至刻线并摇匀,至少放置5min,待测。若室温低于5℃,放置30min待测。同时取等体积去离子水,进行相同处理,作为空白试样。

较浑浊或基体干扰较严重的水样:准确量取适量水样(体积精确至0.1mL)置于50mL锥形瓶中,加浓硝酸(优级纯)3.0~10.0mL,摇匀后置于电热板上加热消解并澄清。若消解液处理至10.0mL左右时仍有未分解物质或溶液颜色变深,待稍冷,补加浓硝酸5.0~10.0mL,再消解至10.0mL左右观察,如此反复两三次,注意避免炭化变黑。如仍有未分解物质则加入高氯酸($\rho=1.67$g/mL,优级纯)1.0~2.0mL,加热至消解完全后,再继续蒸发至高氯酸的白烟散尽(不能蒸干),冷却,转入50mL容量瓶中,依次加50%盐酸溶液10.0mL,硫脲-抗坏血酸混合溶液5.0mL,定容并摇匀,至少放置15min,待测。若室温低于15℃,放置30min待测。另取10.0mL去离子水作为空白试样,加入试剂后等待测定。

3. 标准工作曲线的配制

分别准确移取0.0mL、0.5mL、1.0mL、2.0mL、3.0mL、4.0mL、5.0mL浓度为1.0mg/L的砷标准溶液($c_{As}=1.00$mg/L)置于50mL容量瓶中,各加入10.0mL浓度为50%盐酸溶液和5.0mL硫脲-抗坏血酸混合溶液,用去离子水定容至刻度线,此标准系列的浓度分别为0.0μg/L、10.0μg/L、20.0μg/L、40.0μg/L、60.0μg/L、80.0μg/L、100.0μg/L,放置15min后测定。

4. 样品的测定

按照仪器操作规程,开机后预热30min,接通气源,调整好出口压力,使用5%盐酸溶液作为载流,按仪器工作参数(表5-8,仪器型号不同,测量参数会有所变动,仅为参考)调整好仪器。首先绘制砷标准工作曲线,根据测定的砷浓度(c_{As},μg/L)与荧光强度之间关系绘制标准工作曲线,相关系数应大于0.999 0,否则应查明原因,重新测试标准曲线或用比例法处理数据。

按前述测定程序,先测定空白试样浓度,再按程序依次测定各样品浓度。

表 5-8　原子荧光光谱仪参数设置

激发光波长	193.7nm	光电倍增管负高压	250～310V
空心阴极灯灯电流	40～90mA	原子化器高度	8～10mm
载气流量	300～900mL/min	原子化器温度点火	200℃以上
屏蔽气流量	600～1200mL/min	读数时间	10～16s
读数方式	峰高或峰面积	延迟时间	0～2s

六、数据记录与处理

1. 数据计算

仪器随机软件有自动计算的功能,工作曲线为线性拟合曲线,测定待测样品荧光强度值后减去空白试样荧光强度值,代入拟合曲线的一次线性方程,即得出待测样品浓度。待测样品浓度为

$$c_{As} = cV/V_0$$

式中:c_{As}表示待测样品浓度($\mu g/L$);c表示根据待测样品的荧光强度减去空白试样的荧光强度后,利用工作曲线线性方程计算得到相应的样品浓度($\mu g/L$);V表示待测试样测试前加入试剂、去离子水定容后的体积(mL),此处为 50mL;V_0表示所取待测样品的体积(mL)。

2. 精密度和准确度

据验证,6个实验室协作实验,水样砷浓度小于 $200\mu g/L$ 时,相对标准偏差为 0.32%～6.10%。测定加标回收率,当水样浓度小于 $200\mu g/L$ 时,加标回收率为 93.2%～193.9%。

七、注意事项

(1)锥形瓶、容量瓶等玻璃仪器均应及时使用稀硝酸盥洗后冲净使用,防止污染。

(2)硼氢化钾和硼氢化钠是强还原剂,使用时注意勿接触皮肤和溅入眼睛。

(3)仪器延迟时间和读数时间根据实验时测得的具体峰形确定。参考条件会因仪器型号、管路连接长短及粗细的不同而有差异,适当调整使仪器能读出完整的峰高或峰形即可。

八、思考题

(1)在样品预处理过程中,加入硫脲-抗坏血酸混合溶液的作用是什么?

(2)查阅文献资料,了解测定时水中砷的形态及其测试方法。

第九节 水中苯的测定(气相色谱法)

苯是一种有机化合物,是结构最简单的芳香烃,化学式为 C_6H_6,在常温下是微溶于水的有致癌毒性的无色透明液体,带有强烈的芳香气味。苯及其衍生物总称为苯系物,一般常见的苯系物主要包括苯、甲苯、乙苯、二甲苯、三甲苯、苯乙烯、对二甲苯、间二甲苯和邻二甲苯等。苯系物被广泛应用于制造染料、塑料、合成橡胶、合成纤维、合成药物以及农药等,是人类活动排放的常见污染物。苯系物有致癌、致畸、致突变等危害,因此已被列入我国水环境控制污染物的黑名单。

一、实验目的

(1)掌握气相色谱的工作原理和使用方法,理解顶空/气相色谱测试方法的工作原理。

(2)掌握用气相色谱测定水中苯系物的原理和方法。

二、实验原理

本节介绍了利用顶空/气相色谱法测定水中苯系物的方法。本方法适用于地表水、地下水、生活污水和工业废水中的苯、甲苯、乙苯、对二甲苯、间二甲苯、邻二甲苯、异丙苯和苯乙烯8种苯系物的测定。将样品置于密闭的顶空瓶中,在一定的温度和压力下,顶空瓶内样品中挥发性组分向液上空间挥发,产生蒸气压。当气液两相达到热力学动态平衡时,在一定的浓度范围内,苯系物在气相中的浓度与液相中的浓度成正比。定量抽取气相部分,用气相色谱分离,并用氢火焰离子化检测器检测。根据色谱图的保留时间确定待测物质的种类,测试方法的工作曲线用外标法定量。本方法主要参照《水质 苯系物的测定 顶空/气相色谱法》(HJ 1067—2019)。当取样体积为 10.0mL 时,本方法测定水中苯系物的检出限为 $2\sim3\mu g/L$,测定下限为 $8\sim12\mu g/L$(表 5-9)。

表 5-9 目标化合物的检出限和测定下限(取样体积为 10.0mL)

物质名称	检出限/$(\mu g/L)$	测定下限/$(\mu g/L)$
苯	2	8
甲苯	2	8
乙苯	2	8
对二甲苯	2	8
间二甲苯	2	8
异丙苯	3	12
邻二甲苯	2	8
苯乙烯	3	12

三、实验仪器与材料

(1)仪器:气相色谱仪(具分流/不分流进样口和氢火焰离子化检测器(flame ionization detector,FID))、自动顶空进样器(温度控制精度为±1℃)、电子天平(绝对精度分度值为0.000 1g)、马弗炉。

(2)玻璃仪器:量筒、容量瓶(100mL、1L)、烧杯(50mL、500mL、1L)、玻璃棒、棕色试剂瓶(100mL)、锥形瓶(250mL)、移液管(1~10mL)、玻璃微量注射器(10~100μL)、棕色螺口玻璃采样瓶(40mL,具硅橡胶-聚四氟乙烯衬垫螺旋盖)、顶空瓶(22mL,配聚四氟乙烯/硅氧烷密封垫)。

(3)其他材料:药匙、称量纸、滤膜(孔径为1.6μm)。

色谱柱Ⅰ:规格为30m(柱长)×0.32mm(内径)×0.5μm(膜厚),100%聚乙二醇固定相毛细管柱,或其他等效毛细管柱;

色谱柱Ⅱ:规格为30m(柱长)×0.25mm(内径)×1.4μm(膜厚),6%腈丙苯基+94%二甲基聚硅氧烷固定相毛细管柱,或其他等效毛细管柱。

四、实验试剂

除非另有说明,分析时均使用符合国家标准的分析纯化学试剂。实验用水为去离子水,其电导率小于5μS/cm,使用前需经过空白检验,确认不含目标化合物,且在目标化合物的保留时间区间内没有干扰色谱峰出现。

(1)甲醇(CH_3OH):色谱纯。

(2)盐酸:$\rho_{HCl}=1.149g/cm^3$,优级纯。

(3)氯化钠(NaCl):优级纯。使用前在500~550℃条件下灼烧2h,冷却至室温,于干燥器中保存备用。

(4)抗坏血酸($C_6H_8O_6$)。

(5)(1+1)盐酸溶液:取等体积优级纯浓盐酸和去离子水,混合均匀。

(6)苯系物标准贮备液:$\rho \approx 1.00g/L$,溶剂为甲醇。市售有证标准溶液,于4℃以下避光密封冷藏,或按照产品说明书保存。使用前应贮备液恢复至室温,混匀。

(7)苯系物标准使用液:$\rho \approx 100mg/L$。准确移取10.00mL标准贮备液,用去离子水定容至100mL。现用现配。

(8)载气:高纯氮气,纯度≥99.999%。

(9)燃烧气:高纯氢气,纯度≥99.999%。

(10)助燃气:空气,经硅胶脱水、活性炭脱有机物。

五、实验步骤

1. 样品的采集与保存

样品瓶应在采样前用色谱纯级甲醇清洗晾干,采样时不需用样品进行荡洗。采样前,测定样品的 pH 值,根据 pH 值测定结果,在 40mL 棕色螺口玻璃采样瓶中加入适量体积比为 1∶1 盐酸溶液,并加入 25mg 抗坏血酸,使采样后样品的 pH≤2。若样品加入盐酸溶液后有气泡产生,须重新采样,重新采集的样品不加盐酸溶液保存,样品标签上须注明未酸化。采集样品时,应使样品在样品瓶中溢流且不留液上空间。取样时应尽量避免样品在空气中暴露。所有样品均采集平行双样。将实验用水带到采样现场,按与样品采集相同的步骤采集全程序空白试样。

样品采集后,应在 4℃ 以下冷藏运输和保存,酸化样品应在 14d 内完成分析,未酸化的样品应在 24h 内完成分析。样品存放区域应无挥发性有机物干扰,样品测定前应将样品温度恢复至室温。

2. 试样的制备

向顶空瓶中预先加入 3g 氯化钠,加入 10.0mL 样品,立即加盖密封,摇匀,待测。用实验用水代替样品,按照与试样的相同制备步骤进行实验室空白试样的制备。

3. 仪器参考条件

(1)顶空进样器参考条件。加热平衡温度:60℃;加热平衡时间:30min;进样阀温度:100℃;传输线温度:100℃;进样体积:1.0mL(定量环)。

(2)气相色谱仪参考条件。进样口温度:200℃;检测器温度:250℃;色谱柱升温程序:40℃(保持 5min),以 5℃/min 速率升温到 80℃(保持 5min);载气流速:2.0mL/min;燃烧气流速:30mL/min;助燃气流速:300mL/min;尾吹气流速:25mL/min;分流比:10∶1。

4. 工作曲线的绘制

分别向 7 个顶空瓶中预先加入 3g 氯化钠,依次准确加入 10.0mL、10.0mL、10.0mL、9.8mL、9.6mL、9.2mL 和 8.8mL 去离子水,再用微量注射器和移液管依次加入 5.00μL、20.0μL、50.0μL、0.20mL、0.40mL、0.80mL 和 1.20mL 标准使用液,配制成目标化合物质量浓度分别为 0.050mg/L、0.200mg/L、0.500mg/L、2.00mg/L、4.00mg/L、8.00mg/L、12.0mg/L 的标准系列浓度(此为参考浓度,可选取能够覆盖样品浓度范围的至少 5 个非零浓度点),立即密闭顶空瓶,轻振摇匀,按照仪器参考条件,从低浓度到高浓度依次进样分析,记录标准系列目标物的保留时间和响应值。以目标化合物浓度为横坐标,以其对应的响应值为纵坐标,绘制工作曲线。

5. 试样测定

按照与绘制工作曲线相同的步骤进行试样的测定。若样品浓度值超过工作曲线的最高浓度点,须从未开封的样品瓶中重新取样,稀释后重新进行试样的制备。按照与试样测定相同的步骤进行实验室空白试样的测定。

六、数据记录与处理

1.定性分析

根据样品中目标物与标准系列中目标物的保留时间进行定性分析。样品分析前,建立保留时间窗$(t\pm3)s$。t为校准时各浓度级别目标化合物的保留时间均值,S为初次校准时各浓度级别目标化合物保留时间的标准偏差。样品分析时,目标物应在保留时间窗内出峰。

当目标物在色谱柱Ⅰ上有检出,但不能确认时,可用色谱柱Ⅱ做辅助定性。两色谱柱的仪器测试条件相同。

2.结果计算

样品中目标化合物的质量浓度$c(\mu g/L)$,计算式为

$$c_1 = c_i \times D$$

式中:c_1表示样品中目标化合物的质量浓度$(\mu g/L)$;c_i表示从工作曲线上计算得到的目标化合物质量浓度$(\mu g/L)$;D表示样品的稀释倍数。

测定结果小数点后位数的保留与方法检出限一致,最多保留3位有效数字。

3.质量控制

分析样品前应绘制能覆盖样品浓度范围的至少5个浓度点的工作曲线,曲线的相关系数应不小于0.995。否则,应查找原因,重新绘制工作曲线。

连续分析时,每24h分析一次工作曲线中间浓度点,其测定结果与已知浓度的相对误差应为$\pm20\%$。否则,须重新建立工作曲线。

七、注意事项

(1)实验过程中产生的废物应分类收集,集中保存回收,委托有资质的单位处置。

(2)在采样、样品保存和预处理过程中,应避免接触塑料和其他有机物。

(3)在测定含盐量较高的样品时,可适量减少氯化钠的加入量,避免样品析出盐而引起顶空瓶中气液两相体积变化。样品与标准系列溶液加入的氯化钠量应一致。

八、思考题

(1)气相色谱能分离测试样品中不同形态苯系物的原理是什么?

(2)在测试过程中,用顶空瓶对样品进行固相萃取的目的是什么?

(3)在试样处理过程中,提前在顶空瓶中加入氯化钠有何作用?

第十节　水中氢氧同位素的测定

水的氢氧同位素示踪技术可以识别和量化水分来源、揭示水循环演化过程及形成机理，可在研究降水-地表水-地下水相互作用、土壤-植物-大气水分循环、古气候演变、岩溶形成机理、生物地球化学循环过程等方面发挥重要的作用，是研究水循环与水系统的重要手段之一。

目前，测定水中氢氧同位素的方法主要有传统的离线双路进样-气体稳定同位素比值质谱法(Dual inlet-IRMS)、连续流水平衡质谱法(Gasbench-IRMS)、热转换元素分析同位素比值质谱法(TC/EA-IRMS)以及激光光谱法。传统的双路进样测定法是应用最早的一种测定同位素比值的方法，具有分析精密度和准确度较高的特点，但质谱法有记忆效应较明显、耗时、费力、样品前处理复杂等缺点。传统质谱仪不能满足水循环研究所需要的在线、实时、连续性监测等要求，而新型的激光同位素光谱仪有效地解决了以上问题，不需要其他辅助设备，且无需水样分析前处理的化学转化过程，仪器体积小、价格低且检测成本低，测试结果稳定、精度高，目前使用较为普及。

一、实验目的

(1)了解激光液态水稳定同位素分析仪的类别和工作原理。

(2)掌握水中氢氧同位素的定义和测试方法。

二、实验原理

同位素比值是某一元素的重同位素丰度与轻同位素丰度之比，由于自然界中元素轻同位素丰度往往比重同位素高，同位素比值会很小，为了方便实际工作的开展，样品的同位素比值都是用 δ 来表示，是以相对于 V-SMOW(vienna standard mean ocean water)的千分率(‰)给出，即将 V-SMOW 的 δD、$\delta^{18}O$ 定为参考零值。

本实验采用新型激光同位素光谱仪直接测定水样中氢氧同位素组成。激光同位素光谱仪测定同位素的原理是基于高分辨率的激光吸收光谱，使光快速反复地多次穿过气体样品，产生一种极大增益的有效光程，光与样品充分作用后，用被检测化合物吸收光谱来测量不同分子质量的水分子及其浓度，进而可以得到样品中同位素的绝对浓度。新型激光同位素光谱仪的分析精度和准确性可与同位素质谱仪相媲美。

三、实验仪器与材料

(1)仪器：激光液态水同位素分析仪(型号为 GLA 431-TLWIA，加拿大 ABB 公司生产，可测 $\delta^2 H$、$\delta^{17}O$、^{17}O-excess、$\delta^{18}O$)。

(2)玻璃仪器：玻璃样品瓶(2mL，有螺纹口)。

(3)其他材料：滤膜(孔径为 $0.45\mu m$)。

四、实验试剂

本实验所用标准物质为氢氧同位素国家一级标准物质,或者氢氧同位素国际标准品 V-SMOW、SLAP(standard light antarctic precipitatior),实验室氢氧同位素标准物质。

五、实验步骤

(1)取样。对于天然的地下水、地表水样品,在采样时,将水样用孔径为 $0.45\mu m$ 水系滤膜过滤,存放在 $2mL$ 有螺纹口的玻璃样品瓶中。

(2)仪器调试。样品测试前,按照仪器操作说明打开激光液态水同位素分析仪,将仪器状态调试稳定后,先测试实验室氢氧同位素标准品 RD 和 $R^{18}O$ 值 $8\sim10$ 遍,分别计算测试结果的相对标准偏差。若计算结果低于仪器测试精度,需要重新调试仪器状态,直到测试结果不低于测试精度为止。本实验所用仪器的测量精度 $\delta D<0.4‰,\delta^{18}O<0.1‰$。

(3)样品测试。样品测试前查看样品内是否有颗粒,若有,需要重新用孔径为 $0.45\mu m$ 水系滤膜过滤,才能进行测试。根据仪器状态,固定数量样品测试后插入氢氧同位素标准物质进行测试,监测仪器状态。

六、数据记录与处理

$\delta D、\delta^{18}O$ 值的计算公式为

$$\delta(‰) = \left(\frac{R_{\text{sample}}}{R_{\text{standard}}} - 1\right) \times 1000$$

式中:R_{sample} 表示样品中该元素的重轻同位素丰度之比,R_{standard} 表示标准物质(此处为 V-SMOW)的重轻同位素丰度之比。

七、思考题

查阅资料,了解不同的水岩相互作用、蒸发作用和地表水补给过程对天然水体氢氧同位素组成有何影响趋势?

第十一节　水中锶同位素的测定(热电离同位素质谱法)

一、实验目的

(1)熟练掌握用热电离同位素质谱法测定锶同位素丰度比的测试原理。
(2)掌握测定水溶液中的锶同位素丰度比的实验操作。

二、实验原理

样品通过锶特效树脂分离,用热电离同位素质谱仪分析 $^{87}Sr/^{86}Sr$ 和 $^{88}Sr/^{86}Sr$,分析过程

中的质量歧视采用锶同位素标准物质校正或 $^{88}Sr/^{86}Sr=8.375\ 21$ 内标校正。测试方法参考标准《水中锶同位素丰度比的测定》(GB/T 37848—2019)。

三、实验仪器与材料

(1)仪器:热电离同位素质谱仪(能对 $5u\sim350u$ 质量范围进行扫描,最小分辨率为在 5% 峰高处 1u 峰宽,热电离同位素质谱仪的工作参数见本节"仪器条件",所用钽带或铼带,纯度均不低于 99.999%)、电子天平(感量为 1mg)、温控式电热板(最高温度不低于 180℃)、灯丝去气装置、微量移液器、电子天平(绝对精度分度值为 0.000 1g)。

(2)玻璃仪器:石英玻璃烧杯、量筒(100mL)、容量瓶(100mL、500mL、1L)、烧杯(100mL、500mL、1L)、玻璃棒、棕色试剂瓶(100mL)、移液管(1mL、5mL)、锥形瓶(250mL)。

(3)其他材料:药匙、称量纸、分离柱(石英材质)、锶特效树脂(约 200μm)。

四、实验试剂

使用试剂和标准物质时,应根据要求稀释到规定浓度。除特殊说明,均使用 2% 硝酸稀释。本实验所用的去离子水为《分析实验室用水规格和试验方法》(GB/T 6682—2008)规定的一级水。

(1)高纯硝酸(HNO₃):将优级纯硝酸(质量分数为 65%~68%)经二次亚沸蒸馏处理,得到高纯浓硝酸(密度为 1.503g/cm³)。

(2)硝酸溶液($c_{HNO_3}=8mol/L$):取 168mL 高纯浓硝酸(密度为 1.503g/cm³)于 500mL 容量瓶中,用去离子水定容至刻线,摇匀。

(3)硝酸溶液($c_{HNO_3}=0.5mol/L$):取 21mL 高纯浓硝酸(密度为 1.503g/cm³)于 1L 容量瓶中,用去离子水定容至刻线,摇匀。

(4)磷酸溶液($c_{H_3PO_4}=4mol/L$):取约 50mL 去离子水,用电热板加热至微沸,准确称取光谱纯五氧化二磷(P₂O₅)28.389g,溶于加热后的去离子水中,溶解,待溶液冷却至室温转移至 100mL 容量瓶中,用去离子水定容至刻线。

(5)五氧化二钽(Ta₂O₅)-水悬浊液:由光谱纯 Ta₂O₅ 与去离子水配制。

(6)锶同位素标准物质:具有溯源性的或为国家标准物质管理部门审批认可的国家标准物质。

(7)3mol/L HNO₃-0.05mol/L H₂C₂O₄ 混合溶液:取 12.6mL 高纯硝酸(密度为 1.503g/cm³)和 0.450 2g 光谱纯草酸(H₂C₂O₄),于 50mL 去离子水中溶解,后转移到 100mL 容量瓶中,用去离子水定容至刻线。

五、实验步骤

1. 样品制备

取含锶约 1μg 的待测样品,置于石英玻璃烧杯中,在电热板上约 100℃ 条件下加热蒸干后冷却至室温,备用。

2.锶分富集

(1)试验环境:试验应在洁净度不低于千级的超洁净实验室中完成。

(2)锶特效树脂柱的准备:准确称取 0.3g 锶特效树脂,以去离子水浸泡,去除上浮颗粒,湿法装填石英分离柱。分离富集样品前,先以去离子水冲洗装填锶特效树脂的分离柱,再以体积为 20 倍树脂体积的浓度为 8mol/L HNO_3 溶液淋洗,待用。

(3)分离过程:准确称取 0.3g 制备好的样品,加入浓度为 8mol/L HNO_3 溶液(作为介质)将样品转移上柱,遵循少量多次的原则,HNO_3 溶液用量不超过 3mL。用 20mL 浓度为 8mol/L HNO_3 溶液分数次淋洗杂质。以 12mL 浓度为 0.5mol/L HNO_3 溶液分数次解吸锶于石英烧杯中。将收集的洗脱液蒸干,准备涂样并上机测试。

分离完毕,用 5mL 浓度为 3mol/L HNO_3-0.05mol/L $H_2C_2O_4$ 混合液淋洗分离柱,之后,用去离子水洗涤至淋洗液为中性。

3.锶同位素比值测定

(1)钽带/铼带的准备。插件应经过严格的清洁处理。将钽带/铼带点焊在插件后,装入真空除气装置除气。去气流程如下:

①真空度低于 $6×10^{-6}$ Pa 后,首先将电流升至 1.0A,维持 10min;②电流升至 2.0A,维持10min;③电流升至 3.0A,维持 10min;④电流升至 4.0A,维持 10min。

(2)涂样。若采用钽带做样品带,在蒸干的样品中加入少量去离子水,用微量移液器,将样品逐滴涂到钽带上,再加 2μL 浓度为 4mol/L 的 H_3PO_4 溶液,液滴挥发后增大电流,去除过量 H_3PO_4,加热至暗红并保持 2~3s 后,迅速将电流降为 0A。将准备好的样品装入样品盘后装入质谱仪,开启真空系统。若采用铼带做样品带,应在涂样之前,预先在带上涂 1.5μL Ta_2O_5-水悬浊液,其他操作与钽带模式相同。

(3)升温与检测。待离子源真空度低于 10^{-5} Pa 时,以 $0.01A·s^{-1}$ 的速率升高样品带的电流。在带温 1000℃下保持 10min,待 ^{85}Rb 的信号小于 0.5mV 时,则认为铷对锶的干扰可以忽略;继续升温至 1200℃,开始锶同位素丰度比测试。以 5 个法拉第接收器静态分别接收 ^{84}Sr、^{85}Rb、^{86}Sr、^{87}Sr、^{88}Sr。数据采集的积分时间为每组 6s,测量 100 组。

六、数据质量歧视校正

1.同位素标准物质校正

涂样时,平行涂若干锶同位素标准物质,用与测试样品相同的程序测量其 $^{87}Sr/^{86}Sr$ 和 $^{88}Sr/^{86}Sr$。将标准物质的标准值与测量值比较,获得相应比值对的质量歧视校正因子 K。用获得的 K 进行质量歧视校正,样品中 $^{87}Sr/^{86}Sr$ 和 $^{88}Sr/^{86}Sr$ 校正值的计算式为

$$R_{c1} = K × R_{m1}$$

式中:R_{m1}表示待测样品的锶同位素比测量值;R_{c1}表示待测样品的锶同位素比校正值,即最终结果。

质量歧视校正因子 K 的计算式为

$$K = \frac{R_c}{R_m}$$

式中:R_c表示锶同位素标准物质的标准值;R_m表示锶同位素标准物质的测定值。

2. 内标校正

若分析要求允许,可采用内标校正法校正测量过程中的质量歧视。由$^{88}Sr/^{86}Sr =$ 8.372 11按以下公式计算获得$^{87}Sr/^{86}Sr$校正值。

$$R_{c1} = R_{m1} \times (1+f)$$

$$f = \left(\frac{8.372\ 11}{R_{88/86m}} - 1 \right)/2$$

以上两个公式中:R_{c1}表示待测样品中$^{87}Sr/^{86}Sr$的校正值;R_{m1}表示待测样品中$^{87}Sr/^{86}Sr$的测定值;$R_{88/86m}$表示待测样品中$^{88}Sr/^{86}Sr$的测量值。

3. 精密度

在重复性条件下获得的两次独立测定结果的绝对差值不得超过算术平均值的0.015%。

七、仪器条件

热电离同位素质谱仪的工作参数见表 5-10 和表 5-11。

表 5-10　接收器排列

接收器序号	接收器质量数
1	84
2	85
3	86
4	87
5	88

表 5-11　主要仪器参数

参数名称	设定值
Extraction	0
Defocus	87.25
DBias	41.39
Zfocus	93.06
ZBias	11.25
Slit	93.91
Source	78.97
EHT/Kv	7828

八、思考题

在天然水体中,锶同位素有何指示意义?

第十二节　水中溶解态无机碳同位素的测定

水中溶解态无机碳是指溶解在水中的二氧化碳、碳酸、碳酸氢根离子和碳酸根离子等物质。水中溶解态无机碳被广泛用于估算和量化区域尺度,甚至全球的碳源、碳汇和碳通量等。碳元素是环境中常见的基本元素,它与金属元素、有机污染物、全球气候等息息相关,逐渐成为人们关注的焦点,并且出现了许多与之相关的名词,比如"碳汇""碳源""碳排放""低碳经济""碳币""碳达峰"等。当前,在全球变暖的背景下,全球碳循环的研究方兴未艾。随着科技的进步,尖端测试仪器的出现,水中溶解态无机碳同位素被广泛用于地质、生物、环境等研究领域,指示碳元素的循环和反应过程。

一、实验目的

(1)掌握水中溶解态无机碳的含义及其碳同位素的指示意义。
(2)掌握水中溶解态无机碳同位素测试原理和测试方法。

二、实验原理

水中溶解态无机碳同位素制样分析过程主要分为两个阶段,第一阶段将水样中溶解态无机碳以二氧化碳的形式提取出来,第二阶段利用气体稳定同位素比值质谱仪或者激光光谱仪对碳同位素进行测定。

不同的制样方法对样品的性质、样品量的要求不同,分析结果的精度、准确度也各有差异。因此制样方法对水中溶解态无机碳同位素的分析过程十分重要。水中溶解态无机碳制样方法可分为两种,第一种为传统离线方法制备二氧化碳,样品制备好后通过双路进样系统进入气体稳定同位素比质谱仪分析测定;第二种为在线制备二氧化碳,通过自动进样器将含有 CO_2 的气体通入稳定同位素比质谱仪或激光光谱仪(图 5-5)分析测定碳同位素组成。在线制备二氧化碳方法与经典方法比较有高效率和小样量的显著优势。本实验选用了 GasBench Ⅱ-IRMS 在线连续流(图 5-6)测定水中溶解态无机碳同位素($\delta^{13}C$)组成,它具有快速、高效、操作相对简单、所需样品量少等优点。

三、实验仪器与材料

(1)仪器:DELAT V Advantage 检测器(美国 Thermo Fisher 公司)或 MAT 253 同位素比值质谱仪(美国 Thermo Fisher 公司)、Gas-Bench Ⅱ GCPAL 自动进样器(瑞士 CTC AnalyticsAG公司)、Pora PlotQ 色谱柱(30m×0.32mm×20μm,美国 Agilent 公司),恒温样品盘、酸泵、电子天平(绝对精度分度值为 0.000 1g)、干燥箱、低速离心机、超声振荡仪。
(2)玻璃仪器:顶空样品瓶(12mL,英国 Labco 公司)。
(3)其他材料:药匙、一次性注射器、称量纸、水系滤膜(孔径为 0.45μm)。

图 5-5　TOC-CRDS 碳同位素激光光谱仪

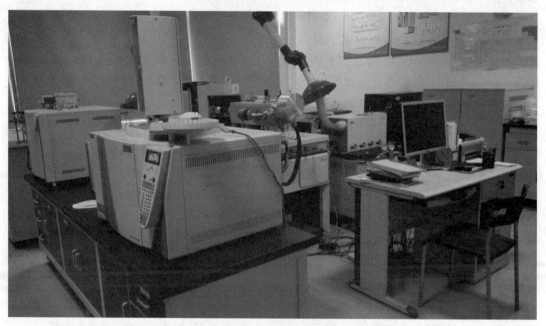

图 5-6　MAT 253 气体稳定同位素质谱仪及元素分析仪、气相色谱、GasBench 等外围设备

四、实验试剂

（1）优级纯液态无水磷酸：将优级纯无水磷酸固体装满 12mL 顶空样品瓶,盖好旋盖,在

70℃条件下熔化至液态,备用。

（2）碳同位素国际标准物质箭石化石(peedee belemnite,PDB)。

（3）高纯氦气(纯度大于99.999%)。

五、实验步骤

（1）开机:按照仪器操作说明,将DELAT V Advantage检测器或者气体同位素比值质谱仪状态调试稳定。

（2）进样瓶排气:用注射器吸取液态无水磷酸,在12mL的顶空样品瓶中加入5滴无水磷酸,盖好旋盖,用GCPAL自动进样器的排气针,依次对每一个密闭的顶空样品瓶进行300s的氦气(纯度大于99.999%,流速为100mL/min)排空处理,消除瓶内空气中CO_2对样品碳同位素比值测定的影响。

（3）添加样品和反应阶段:在样品瓶经过氦气排空处理后,用一次性注射器轻轻刺破顶空瓶盖橡胶塞,向每个样品瓶内加入0.2mL过滤后水样,将样品瓶超声振荡10min,离心10min(转速为3000r/min)。

（4）样品测试:用GCPAL自动进样器加定量环(100μL)进样,高纯氦气和样品中CO_2混合气经70℃的气相色谱柱与其他杂质气体和水汽得到分离。分离后的CO_2由氦气带入DE-LAT V Advantage检测器,高能电子束轰击离子化,经过加速电场,不同质荷比(m/z^{44}、m/z^{45}、m/z^{46})的气态离子进入磁场分离成不同的离子束,进入接收器并转换为电信号,测定碳同位素丰度比值。样品测试前,应先测试同位素标准物质,测试结果相对标准偏差小于仪器测试精度后,才能进行样品的测试。

六、数据记录与处理

$\delta^{13}C$值以PDB国际标准作为参考标准,$\delta^{13}C$值的计算式为

$$\delta^{13}C(‰) = \left(\frac{R_{sample}}{R_{standard}} - 1\right) \times 1000$$

式中:$R_{standard}$为国际标准物PDB的碳同位素丰度比值。$\delta^{13}C$值的分析精度为±0.1‰。

七、思考题

查阅资料,了解水样中溶解态碳同位素组成受哪些水岩作用、微生物作用影响,有何影响趋势?

第六章　课堂综合性实验设计

第一节　典型有害组分的吸附实验

典型地球化学作用过程包括风化作用、溶滤作用、氧化还原过程、离子交换过程、蒸发浓缩过程、混合过程和水文生物地球化学过程等。这一系列的溶解与沉淀作用是最常见的水岩相互作用,直接影响天然地下水的化学成分,在此作用过程中溶出或入渗的各类典型有害组分(如砷、氟、氨氮等)均有可能污染地下水环境。

吸附过程是沉积物中有害组分的重要迁移过程,沉积物对典型有害组分吸附能力的大小直接影响其活性,进而对它引发的环境效应产生影响。同时,吸附法也是高效且常用的去除地下水中有害组分的方法之一,开展典型有害组分的吸附实验,对地下水污染控制具有重要意义。本节实验设计以黏土吸附水中氨氮为例,实际实验开展过程中也可进行各类重金属、氟、有机物等典型污染物的吸附实验。

一、实验目的

以黏土为吸附剂,氨氮为吸附质,了解吸附实验的常规方法和影响因素(pH 值),掌握吸附实验数据的处理方法,熟悉建立吸附动力学模型和等温吸附模型的方法。

二、实验原理

氨氮指水中以游离氨(NH_3)和铵离子(NH_4^+)形式存在的氮,也称非离子氨或水合氨,主要来源于人和动物的排泄物以及化工、冶金、炼焦、油漆颜料、煤气、制革、化肥等行业产生的工业废水。黏土因具有较大的比表面积和带有不饱和电荷,常常被广泛用作吸附剂,用于吸附各类污染水体中的有害组分。因此,可将黏土用作去除氨氮的吸附剂以净化高氨地下水。

本节通过在室内配制不同浓度的 NH_4Cl 溶液中投加黏土吸附剂,模拟黏土去除地下水中氨氮的过程。研究黏土对 NH_4^+ 的吸附性能,主要实验内容包括:①配制不同浓度的 NH_4Cl 溶液,使用 Tris-HCl 缓冲溶液调节 pH 值;②进行动力学实验,确定黏土吸附 NH_4^+ 的动力学模型;③进行等温吸附实验,确定黏土吸附 NH_4^+ 的等温吸附模型。

黏土对氨氮的吸附能力通常用吸附量来表示,吸附平衡时的平衡吸附量 q_e,吸附一定时间 t 时的吸附量 q_t 为

$$q_e = (c_o - c_e)\frac{V}{m}$$

$$q_t = (C_o - C_t)\frac{V}{m}$$

式中：q_e表示吸附平衡时的平衡吸附量（mg/g）；q_t表示时间t时的吸附量（mg/g）；c_o表示溶液中氨氮的初始浓度（mg/L）；c_e表示吸附平衡后溶液的氨氮浓度（mg/L）；c_t表示吸附t时刻的溶液氨氮浓度（mg/L）；V表示吸附液体积（L）；m表示吸附材料质量（g）。

吸附等温线表示的是在特定温度下，吸附达到平衡时，溶液中残留的吸附质浓度（c_e）与吸附材料的平衡吸附量（q_e）之间的关系曲线。绘制吸附等温线是研究吸附过程和吸附机理的有效手段之一，通过吸附等温线的变化规律可分析出吸附剂与吸附质之间的作用规律及吸附层特点，在溶质迁移，特别是污染物在地质环境中的迁移研究方面具有重要意义。Langmuir等温吸附模型和Freundlich等温吸附模型使用最为广泛，本实验可分别对黏土吸附氨氮的过程进行不同等温模型的建立，对比拟合结果，取最佳等温吸附方程。

（1）Freundlich等温吸附模型对应的等温吸附方程为

$$\lg q_e = a + b\lg c_e$$

式中：a和b为常数；其他符号的意义同上。

（2）Langmuir等温吸附模型对应的等温吸附方程为

$$\frac{c_e}{q_e} = \frac{1}{q_o}c_e + \frac{1}{q_o b}$$

式中：b表示与键能有关的常数（L/mg）；q_o表示黏土对氨氮的最大吸附量（mg/g）。其他符号的意义同上。

吸附动力学方程主要表达了吸附过程中吸附材料的吸附量随时间的变化情况，不仅可预测吸附速率，而且可以推测可能的反应机理。因此一些动力学方程被广泛应用于吸附反应的分析中。本实验可分别对黏土吸附氨氮的过程进行不同动力学方程的拟合，对结果进行比较，取最佳的动力学方程。所采用的动力学方程主要为：准一级动力学方程（Pseudo-first-order）、准二级动力学方程（Pseudo-second-order）。

（1）准一级动力学方程

$$\ln(q_e - q_t) = \ln(q_e) - k_1 t$$

式中：q_e表示反应达到平衡时的吸附量（mg/g）；k_1表示准一级动力学常数（h^{-1}）；t表示反应时间（h）；其他符号的意义同上。

（2）准二级动力学方程

$$\frac{t}{q_t} = \frac{1}{k_2 q_e^2} + \frac{t}{q_e}$$

式中：k_2表示准二级反应动力学常数（h^{-1}）；其他符号的意义同上。

三、实验仪器设备

电子天平、恒温振荡摇床/旋转反应仪、分光光度计、离心管、注射器及滤头、容量瓶、标签纸等。

四、实验试剂/药品

氯化铵、酒石酸钾钠、纳氏试剂、盐酸、氢氧化钠、三羟甲基氨基甲烷(Tris)、黏土等。

五、实验步骤/内容

1.氨氮溶液和 Tris-HCl 缓冲溶液的配制

参考《水质　氨氮的测定　纳氏试剂分光光度法》(HJ 535—2009)配制氨氮(NH_4-N)标准溶液,获得氨氮含量对吸光度的工作曲线;配制 Tris-HCl 缓冲溶液,用于调节溶液 pH 值。

2.不同 pH 条件下,黏土对水中氨氮的吸附实验

参考天然地表水和地下水 pH 值变化范围选取 5 个 pH 值(6.5、7.0、7.5、8.0、8.5),使用 Tris-HCl 缓冲溶液调节溶液 pH 值,开展黏土吸附氨氮实验(图 6-1),固定黏土投加量为 1.0g。

3.吸附动力学实验

准确称取 1.0g 黏土于 50mL 已编号的离心管中,量取 50mL 特定浓度(20mg/L)的氨氮初始溶液,分别置于对应的标签的离心管中,将离心管置于旋转反应器上进行吸附实验。反应时间分别设定为 5min、10min、15min、20min、30min、60min。

图 6-1　吸附实验反应装置图

4.等温吸附实验

各取 50mL 浓度为 5、10、20、30、50mg/L(以氮计)的 NH_4Cl 溶液于 50mL 离心管中,加入 1g 黏土作为吸附剂,在室温条件下进行吸附实验。

5.取样及测试

达到反应时间后,用孔径为 $0.22\mu m$ 过滤器过滤上清液,取 10mL 至比色管中,贴上标签,依次加入 1mL 酒石酸钾钠试剂、40mL 纯水(稀释)和 1.5mL 纳氏试剂,并依次摇晃均匀,静置 10min,采用分光光度法测定溶液中剩余氨氮的浓度。

六、实验记录及数据处理

1.实验记录及计算

根据下式计算黏土对氨氮的吸附量,并填入表 6-1 和表 6-2。

$$q_t = \frac{c_o V - c_t V}{m}$$

式中:c_o表示初始氨氮溶液浓度(mg/L);c_t表示 t 时刻溶液中剩余砷的浓度(mg/L);V 表示溶

液的体积(L);m 表示投加黏土的质量(g);q_t 表示 t 时刻黏土的吸附量(mg/g)。

表 6-1　吸附动力学实验数据记录表

反应时间/ min	初始浓度 $c_0/(mg/L)$	剩余浓度 $c_t/(mg/L)$	吸附量 $q_t/(mg/g)$	反应时间/ min	初始浓度 $c_0/(mg/L)$	剩余浓度 $c_t/(mg/L)$	吸附量 $q_t/(mg/g)$
t_1				t_4			
t_2				t_5			
t_3				t_6			

表 6-2　等温吸附实验数据记录表

编号	初始浓度 $c_0/(mg/L)$	剩余浓度 $c_t/(mg/L)$	吸附量 $q_t/(mg/g)$	编号	初始浓度 $c_0/(mg/L)$	剩余浓度 $c_t/(mg/L)$	吸附量 $q_t/(mg/g)$
N-1				N-4			
N-2				N-5			
N-3							

2. 数据分析

(1)pH 值对黏土吸附氨氮的影响:以 pH 值为横坐标,剩余氨氮浓度为纵坐标,绘制散点图或柱状图,探讨 pH 条件对黏土吸附氨氮的影响。

(2)绘制吸附动力学曲线:以反应时间为横坐标,剩余氨氮浓度为纵坐标,绘制 c_t-t 吸附动力学曲线。

(3)确定吸附动力学模型:将动力学反应数据采用准一级、准二级动力学模型进行拟合,即绘制不同的直线,计算相关系数。相关系数 R^2 越大说明该实验数据对此动力学模型的拟合结果越好,即该模型为最匹配的吸附动力学模型。

(4)绘制等温吸附曲线:以初始氨氮浓度为横坐标,平衡时的氨氮浓度为纵坐标,绘制两组 c_e-c_0 等温吸附曲线。

(5)确定等温吸附模型:将等温吸附数据与 Freundlich 等温吸附模型和 Langmuir 等温吸附模型进行拟合,即绘制 $\lg q_e$-$\lg c_e$ 和 c_e/q_e-c_e 的曲线计算相关系数。相关系数 R^2 越大说明实验数据越匹配该种等温吸附模型。

第二节　土柱溶滤实验

溶滤作用指地下水与岩土的相互作用。岩土中的矿物遇水后不同程度地溶解到水体中并成为水体中离子成分的过程,是典型的地球化学过程。土柱溶滤实验则是室内模拟土壤水文情况、污染物迁移规律的常用方法。因此可采用土柱溶滤实验模拟不同条件下含水介质中溶质的反应迁移过程。

一、实验目的

(1)了解土柱溶滤实验模拟地下水环境中水岩相互作用的基本方法。

(2)熟悉水中几种主要离子的分析测试方法。

(3)掌握水质分析资料的整理方法,以确定水化学类型,初步解释浅层地下水水化学成分形成条件及过程。

二、实验原理

大气降水、地表水及农业灌溉水等在经过包气带土层向地下水渗透补给时以及地下水在含水层中流动时均会与周围的介质发生水岩相互作用,从而使岩土中的易溶盐类进入地下水中,这些易溶盐构成了地下水中主要的化学成分。

因此,本节通过土柱溶滤实验模拟不同 pH 值条件下含水介质中几种主要离子的迁移过程,探讨不同地下水环境中水化学成分的形成原因和变化规律。实验步骤主要包括:①土柱的填装;②溶滤实验装置的连接与运行;③溶滤水的制备;④溶滤装置的调试运行;⑤水样的采集与测试。

三、实验仪器设备

溶滤装置(有机玻璃柱、供水及蠕动泵)、pH 计、离子色谱仪(ion chromatography,IC)、电感耦合等离子质谱仪(ICP-OES)、滴定管、铁架台、过滤器、滤膜。

四、实验试剂/药品

酚酞指示剂、甲基橙指示剂、盐酸、硝酸、硝酸银溶液、铬酸钾、氢氧化钠、醋酸。

五、实验步骤

1. 土柱的填装与溶滤装置的连接

选取学校周边区域包气带土壤或特定研究区沉积物土样,在室温条件下自然晾干后过 20 目筛网,去除大颗粒、黏土块等。溶滤实验装置由土柱、供水装置、蠕动泵及取样装置组成,各装置间由乳胶管连通,图 6-2 为实验装置示意图。

其中土柱材质为有机玻璃,直径 3～5cm,高 20～25cm。以土柱高 25cm 为例,首先在溶滤土柱内壁均匀涂抹凡士林,以防止溶滤水沿内侧管壁形成优先流。在溶滤土柱底部及顶部各填充 2.5cm 砂砾层,以防止试验过程中水流直接冲刷土壤层,堵塞出水口。土柱填装时采用分层装入法,填柱过程中每次装填厚度为 5cm,用木棍夯实并在土壤表面划动,以保证土壤颗粒分布均匀,土柱密度均匀,然后继续下一次装填。溶滤土柱共填充土壤/沉积物高度为 20cm。

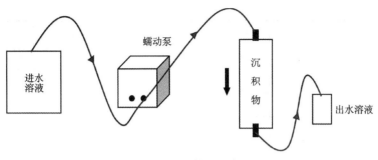

图 6-2　实验装置示意图

2. 溶滤水的制备

实验中溶滤原液采用蒸馏水,用氢氧化钠(NaOH)和醋酸(CH₃COOH)调节 pH 值,分别配置 pH=6.0、pH=7.0 和 pH=8.0 的溶滤液。

3. 溶滤装置的调试运行

采用由上而下的入水方式,定流量供水(流量设定为 1.0mL/min),下端出水口处由乳胶管连接量筒。定期记录量筒中出水量。实验初期先用蒸馏水调试,排出溶滤土柱中的气体,使水相和土壤相达到平衡状态,溶滤柱水流畅通。

4. 取样及水中主要离子的测定

土柱溶滤实验取样频次为:前 12h 每 6h 收集一次溶滤液,共采集 2 次;12～24h 每 12h 收集一次溶滤液,共采集 1 次;24～288h,每 24h 收集一次溶滤液,共采集 11 次。溶滤水过土柱之前取水样 1 次,共计溶滤时间 288h,共采集 15 次水样。溶滤液收集完成后采用 IC 法测定溶滤液中的主要阴离子浓度,采用 ICP-OES 法测定溶滤液中的阳离子浓度,采用滴定法测定溶滤液中的 HCO_3^- 和 Cl^- 浓度。

六、实验记录及数据处理

1. 实验记录

记录不同采样时间采集的水样的测试数据,填入表 6-3。

表 6-3　土柱溶滤实验数据记录表(样表)

采样时间/h	$c(HCO_3^-)$/ (mg/L)	$c(Cl^-)$/ (mg/L)	$c(K^+)$/ (mg/L)	$c(Na^+)$/ (mg/L)	$c(Ca^{2+})$/ (mg/L)	$c(Mg^{2+})$/ (mg/L)	$c(NO_3^-)$/ (mg/L)	$c(SO_4^{2-})$/ (mg/L)
0								
6								

表 6-3(续)

采样时间/h	$c(\mathrm{HCO_3^-})/$ (mg/L)	$c(\mathrm{Cl^-})/$ (mg/L)	$c(\mathrm{K^+})/$ (mg/L)	$c(\mathrm{Na^+})/$ (mg/L)	$c(\mathrm{Ca^{2+}})/$ (mg/L)	$c(\mathrm{Mg^{2+}})/$ (mg/L)	$c(\mathrm{NO_3^-})/$ (mg/L)	$c(\mathrm{SO_4^{2-}})/$ (mg/L)
12								
24								
48								
72								
96								
120								
144								
168								
192								
216								
240								
264								
288								

2. 数据分析

(1)对比分析溶滤前后水化学成分的差异及其成因：根据溶滤前后的水化学成分，绘制 Piper 三线图，判断水质类型；并在此基础上以溶滤时间为横坐标，离子浓度为纵坐标，绘制不同离子浓度随溶滤时间变化的曲线图，探讨含水层中不同离子浓度的变化规律及相互影响机制。

(2)pH 值对含水介质中主要离子迁移规律的影响：以溶滤时间为横坐标，离子浓度为纵坐标，绘制不同 pH 值条件下离子浓度随溶滤时间变化的曲线图，探讨 pH 条件对含水介质中主要阴阳离子迁移的影响。

第三节　氧化还原土柱实验

氧化还原作用是水岩地球化学作用中较常见的一种。地下水中含大量的变价元素，氧化还原反应会引起离(原)子电荷数的变化，从而大大改变物质的溶解度、迁移特性及其他化学性质，因此氧化还原反应对于变价元素的迁移、富集至关重要。土柱实验是室内模拟土壤水文情况、污染物迁移规律的常用方法。因此可采用土柱实验模拟探究变价元素随氧化还原条件变化在地下水中的迁移、富集规律。

一、实验目的

(1)了解利用土柱实验模拟地下水环境中氧化还原作用的基本方法。

(2)熟悉水中几种主要离子的分析测试方法。

(3)掌握水质分析资料的整理方法,通过观察实验现象,可以初步阐述富氧水入渗含黄铁矿沉积层的氧化还原反应过程。

二、实验原理

以富含 O_2 的入渗水进入含黄铁矿的沉积层为例进行土柱实验。随着沉积层中黄铁矿的溶解,地下水中形成 Fe^{2+} 与 SO_4^{2-};上述反应生成的硫酸与碳酸盐岩反应,可生成 CO_2,并进一步促进碳酸盐岩的溶解,形成 $SO_4 \cdot HCO_3$ 型水;若无碳酸盐岩存在,则形成 SO_4 型水;在强氧化条件下,且有碳酸盐岩存在时,硫酸被中和,地下水环境的 pH 值增高,红褐色的氢氧化铁沉淀析出。

因此,本节通过土柱实验模拟富氧条件下含水介质中黄铁矿的溶解、Fe^{2+} 的氧化和 Fe^{3+} 的析出过程,验证该过程中的氧化还原作用。实验步骤主要包括:①土柱的填装;②土柱实验装置的连接与运行;③富氧水的制备;④装置的调试运行;⑤实验现象的观察;⑥水样的采集与测试。

三、实验仪器设备

富氧水发生装置、有机玻璃柱、蠕动泵、溶解氧测定仪、离子色谱仪(IC)、电感耦合等离子质谱仪(ICP-OES)、台式酸度计、滴定管、铁架台、过滤器、滤膜。

四、实验试剂/药品

酚酞指示剂、甲基橙指示剂、盐酸。

五、实验步骤

1. 土柱的填装与实验装置的连接

选取含黄铁矿和碳酸盐岩的沉积物土样,在室温条件下自然晾干后,过 20 目筛网,去除大颗粒、黏土块等。氧化还原实验装置由土柱、供水装置、蠕动泵及取样装置组成,各装置间由乳胶管连通,图 6-3 为实验装置示意图。采用自下而上的入水方式,定流量供水(流量设定为 1.0mL/min),确保富氧水与沉积物充分接触。

其中土柱材质为有机玻璃,直径 3～5cm,高 20～25cm。以土柱高 25cm 为例说明,首先在土柱内壁均匀涂抹凡士林,以防止富氧水沿内侧管壁形成优先流。在土柱底部及顶部各填充 2.5cm 砂砾层,以防止试验过程中水流直接冲刷沉积层,堵塞出水口。土柱填装时采用分层装入法,填柱过程中每次装填 5cm 厚,用木棍夯实并在沉积物表面划动,以保证沉积物颗粒分布均匀,土柱密度均匀,然后继续下一次装填。土柱共填充土壤/沉积物高度为 20cm。

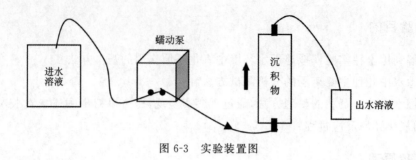

图 6-3 实验装置图

2. 富氧水的制备

在富氧水发生装置内注入 2L 纯水,通入氧气并使纯水循环通过磁化装置 10min,制备装置保持开放状态。取出部分新制得的富氧水放入烧杯中,敞口放置,利用溶解氧测定仪检测其中的氧含量,并进行土柱实验。

3. 实验装置的调试运行

实验初期先用蒸馏水调试,排出土柱中的气体,使水相和沉积物相达到平衡状态。

4. 水样的采集与测试

待土柱水流畅通后采集 1 次初始过柱水样,随后使用富氧水作为入渗供水。取样频次为:前 12h 每 6h 收集一次过柱液,共采集 2 次;12~24h 每 12h 收集一次过柱液,共采集 1 次;24~288h,每 24h 收集一次过柱液,共采集 11 次。溶滤水过土柱之前取水样 1 次,共计溶滤时间 288h,共采集 15 次水样。采集水样时观察玻璃柱上有无红褐色沉淀析出,并做记录。过柱液收集完成后利用台式酸度计测定 pH 值,采用 IC 法测定过柱液中的主要阴离子浓度,采用 ICP-OES 法测定过柱液中的阳离子浓度,采用滴定法测定过柱液中的 HCO_3^- 浓度。

六、实验记录及数据处理

1. 实验记录

记录不同采样时间采集的水样的测试数据及实验现象,填入表 6-4。

表 6-4 氧化还原土柱实验记录表(样表)

采样时间/h	$c(HCO_3^-)/$ (mg/L)	pH	$c(Fe^{2+})/$ (mg/L)	$c(Ca^{2+})/$ (mg/L)	$c(Mg^{2+})/$ (mg/L)	$c(NO_3^-)/$ (mg/L)	$c(SO_4^{2-})/$ (mg/L)	实验现象描述
0								
6								
12								

表 6-4(续)

采样时间/h	$c(HCO_3^-)/$ (mg/L)	pH	$c(Fe^{2+})/$ (mg/L)	$c(Ca^{2+})/$ (mg/L)	$c(Mg^{2+})/$ (mg/L)	$c(NO_3^-)/$ (mg/L)	$c(SO_4^{2-})/$ (mg/L)	实验现象描述
24								
48								
72								
96								
120								
144								
168								
192								
216								
240								
264								
288								

2. 数据分析与现象解释

(1)对比分析富氧水入渗前后和不同入渗时间下的水化学成分差异及其成因：根据不同时期过柱液的水化学成分，绘制 Piper 三线图，判断水质类型。

(2)富氧水对含黄铁矿的沉积物中主要离子迁移规律的影响：以反应时间为横坐标，离子浓度为纵坐标，绘制不同离子浓度随富氧水入渗时间变化的曲线图，探讨含水层中不同离子浓度的变化规律及相互影响机制。

(3)富氧水进入含黄铁矿沉积层后的氧化还原作用机制：结合 Fe^{2+}、SO_4^{2-}、HCO_3^- 等离子浓度随富氧水入渗时间的变化情况，结合观察到的实验现象，厘清含水介质中黄铁矿的溶解、Fe^{2+} 的氧化和 Fe^{3+} 的析出过程。

第四节　区域水质分析实验设计

区域水质分析实验设计考查学生运用水分析实验所学知识，结合区域水文地质条件，查阅文献，自主设计并开展实验，综合调查区域水质情况的能力。本节综合性实验以学校及周边地下水(井水)和地表水(湖水)为研究对象举例，设计区域水质分析的研究方法。

一、实验目的

运用《水文地球化学附水分析实验教程》中的理论知识及实验方法,查阅相关文献,设计并完成实际地表水和地下水水质指标的测定、分析工作。在此基础上,结合区域水文地质背景,评估该区域地下水和地表水水质状况,得出结论并给出用水建议。

二、实验要求

根据学校及周边地下水和地表水的实际情况,设计合适的实验方法。在调查、收集并整理区域水文地质资料的基础上,确定采样点、采样方式、样品保存方法和测定方法。

三、实验仪器设备

分光光度计、有机玻璃柱、蠕动泵、溶解氧测定仪、离子色谱仪(IC)、电感耦合等离子质谱仪(ICP-OES)、台式酸度计、滴定管、铁架台、过滤器、滤膜、锥形瓶、容量瓶、烧杯、洗瓶、滴定管等。

四、实验试剂/药品

酚酞指示剂、甲基橙指示剂、盐酸、硝酸、酒石酸钾钠、纳氏试剂、硝酸银溶液、铬酸钾、氢氧化钠等。

五、实验主要内容

1. 资料查阅及整理

收集学校及周边地下水与地表水的水文地质条件相关的文献或调查资料,依次查阅并分析区域基本水质情况,设计整体实验方案。

2. 样品采集

根据实验方案采集水样。确定好水样的采集布点、水样种类及数量;准备好采样所需保护剂(如盐酸)、采样瓶等;采集水样时现场贴标签,做好记录。具体水样采集步骤可参照前述章节。

3. 水样预处理

确定每一个测试项目对水样的预处理要求、消除干扰要求和保存要求;提前调试预处理所需使用的仪器(如 pH 计),准备所需试剂;对采集水样进行预处理并按要求保存。具体水样预处理步骤可参照前述章节。

4. 水样指标测定

根据区域水质情况和实验室现有条件,确定水样指标的测定方法,制定详细的实验步骤;

调试测试所需仪器设备,准备实验试剂;测定各项指标,观察并记录实验现象,记录实验数据。

水样的基础指标主要包括水样 pH 值、浊度电导率、碱度、硬度、常规阴阳离子浓度、重金属离子浓度等,必要时可对水样进行消解测试。

六、实验记录及数据处理

1. 实验记录

自行设计实验记录表,记录内容包括现场样品采集情况、现场测试数据和室内各项实验数据,并归类整理。

2. 数据分析与现象解释

对测试结果进行可靠性分析(阴阳离子平衡),计算水样饱和指数,并利用 AquaChem 等软件分析常规阴阳离子测试数据,绘制 Piper 三线图,判断水质类型。结合我国地下水和地表水相关标准,评估校园及周边区域水质情况。

主要参考文献

曹李靖,潘欢迎,2013.水分析实验教程[M].武汉:中国地质大学出版社.

冯茜丹,邹梦瑶,2021.水分析化学实验指导书[M].北京:科学出版社.

国家技术监督局,1989.水质 氯化物的测定 硝酸银滴定法:GB 11896—1989[S].北京:中国标准出版社.

国家技术监督局,1989.水质 总磷的测定 钼酸铵分光光度法:GB/T 11893—1989[S].北京:中国标准出版社.

国家卫生和计划生育委员会,国家食品药品监督管理总局,2016.食品安全国家标准 饮用天然矿泉水检验方法:GB 8538—2016[S].北京:中国标准出版社.

环境保护部,2013.水质 金属总量的消解 微波消解法:HJ 678—2003[S].北京:中国环境出版社.

环境保护部,2009.水质 溶解氧的测定 电化学探头法:HJ 506—2009[S].北京:中国环境出版社.

环境保护部,2009.水质 五日生化需氧量(BOD$_5$)的测定 稀释与接种法:HJ 505—2009[S].北京:中国环境出版社.

黄君礼,吴明松,2013.水分析化学[M].4版.北京:中国建筑工业出版社.

钱会,马致远,李培月,2012.水文地球化学[M].2版.北京:地质出版社.

全国国土资源标准化委员会,2017.地下水质量标准:GB/T 14848—2017[S].北京:中国标准出版社.

全国仪器分析测试标准化技术委员会,2019.水中锶同位素丰度比的测定:GB/T 37848—2019[S].北京:中国标准出版社.

全国自然资源与国土空间规划标准化技术委员会,2021.地下水质分析方法第8部分:悬浮物的测定重量法:DZ/T 0064.8—2021[S].北京:地质出版社.

生态环境部生态环境监测司,质规与标准司,2019.水质 苯系物的测定 顶空/气相色谱法:HJ 1067—2019[S].北京:中国环境出版社.

世界卫生组织,2017.饮用水水质标准[M].4版.上海:上海交通大学出版社.

王国惠,2015.水分析化学[M].3版.北京:化学工业出版社.

中华人民共和国地质矿产部,1993.地下水质检验方法 碘量法测定硫化物:DZ/T 0064.66—93[S].北京:地质出版社.

中华人民共和国水利部,1994.矿化度的测定(重量法):SL 79—1994[S].北京:中国水利水电出版社.

中华人民共和国水利部,2005.水质　砷的测定　原子荧光光度法:SL 327.1—2005[S].北京:中国水利水电出版社.

中华人民共和国卫生部,2006.生活饮用水标准检验方法　感官性状和物理指标:GB/T 5750.4—2006[S].北京:中国标准出版社.

附　录

附录一　弱酸、弱碱在水中的解离常数（25℃，$I=0$）

表 1.1　弱酸（无机酸）在水中的解离常数（25℃，$I=0$）

弱酸（无机酸）名称	化学式	K_a	pK_a
偏铝酸	$HAlO_2$	6.3×10^{-13}	12.2
亚砷酸	H_3AsO_3	6.0×10^{-10}	9.22
砷酸	H_3AsO_4	$6.3\times10^{-3}(K_1)$	2.2
		$1.05\times10^{-7}(K_2)$	6.98
		$3.2\times10^{-12}(K_3)$	11.5
硼酸	H_3BO_3	$5.8\times10^{-10}(K_1)$	9.24
		$1.8\times10^{-13}(K_2)$	12.74
		$1.6\times10^{-14}(K_3)$	13.8
次溴酸	$HBrO$	2.4×10^{-9}	8.62
氢氰酸	HCN	6.2×10^{-10}	9.21
碳酸	H_2CO_3	$4.2\times10^{-7}(K_1)$	6.38
		$5.6\times10^{-11}(K_2)$	10.25
次氯酸	$HClO$	3.2×10^{-8}	7.5
氢氟酸	HF	6.61×10^{-4}	3.18
锗酸	H_2GeO_3	$1.7\times10^{-9}(K_1)$	8.78
		$1.9\times10^{-13}(K_2)$	12.72
高碘酸	HIO_4	2.8×10^{-2}	1.56
亚硝酸	HNO_2	5.1×10^{-4}	3.29
次磷酸	H_3PO_2	5.9×10^{-2}	1.23
亚磷酸	H_3PO_3	$5.0\times10^{-2}(K_1)$	1.3
		$2.5\times10^{-7}(K_2)$	6.6

表 1.1(续)

弱酸(无机酸)名称	化学式	K_a	pK_a
磷酸	H_3PO_4	$7.52\times10^{-3}(K_1)$	2.12
		$6.31\times10^{-8}(K_2)$	7.2
		$4.4\times10^{-13}(K_3)$	12.36
焦磷酸	$H_4P_2O_7$	$3.0\times10^{-2}(K_1)$	1.52
		$4.4\times10^{-3}(K_2)$	2.36
		$2.5\times10^{-7}(K_3)$	6.6
		$5.6\times10^{-10}(K_4)$	9.25
氢硫酸	H_2S	$1.3\times10^{-7}(K_1)$	6.88
		$7.1\times10^{-15}(K_2)$	14.15
亚硫酸	H_2SO_3	$1.23\times10^{-2}(K_1)$	1.91
		$6.6\times10^{-8}(K_2)$	7.18
硫酸	H_2SO_4	$1.0\times10^{3}(K_1)$	-3
		$1.02\times10^{-2}(K_2)$	1.99
硫代硫酸	$H_2S_2O_3$	$2.52\times10^{-1}(K_1)$	0.6
		$1.9\times10^{-2}(K_2)$	1.72
氢硒酸	H_2Se	$1.3\times10^{-4}(K_1)$	3.89
		$1.0\times10^{-11}(K_2)$	11
亚硒酸	H_2SeO_3	$2.7\times10^{-3}(K_1)$	2.57
		$2.5\times10^{-7}(K_2)$	6.6
硒酸	H_2SeO_4	$1\times10^{3}(K_1)$	-3
		$1.2\times10^{-2}(K_2)$	1.92
硅酸	H_2SiO_3	$1.7\times10^{-10}(K_1)$	9.77
		$1.6\times10^{-12}(K_2)$	11.8
亚碲酸	H_2TeO_3	$2.7\times10^{-3}(K_1)$	2.57
		$1.8\times10^{-8}(K_2)$	7.74

表 1.2　弱酸(有机酸)在水中的解离常数($25℃$, $I=0$)

弱酸(有机酸)名称	化学式	K_a	pK_a
甲酸	$HCOOH$	1.8×10^{-4}	3.75
乙酸	CH_3COOH	1.74×10^{-5}	4.76
乙醇酸	$CH_2(OH)COOH$	1.48×10^{-4}	3.83

表 1.2(续)

弱酸(有机酸)名称	化学式	K_a	pK_a
草酸	$(COOH)_2$	$5.4 \times 10^{-2}(K_1)$	1.27
		$5.4 \times 10^{-5}(K_2)$	4.27
甘氨酸	$CH_2(NH_2)COOH$	1.7×10^{-10}	9.78
一氯乙酸	$CH_2ClCOOH$	1.4×10^{-3}	2.86
二氯乙酸	$CHCl_2COOH$	5.0×10^{-2}	1.3
三氯乙酸	CCl_3COOH	2.0×10^{-1}	0.7
丙酸	CH_3CH_2COOH	1.35×10^{-5}	4.87
丙烯酸	$CH_2{=\!=\!}CHCOOH$	5.5×10^{-5}	4.26
乳酸(丙醇酸)	$CH_3CHOHCOOH$	1.4×10^{-4}	3.86
丙二酸	$HOCOCH_2COOH$	$1.4 \times 10^{-3}(K_1)$	2.85
		$2.2 \times 10^{-6}(K_2)$	5.66
2-丙炔酸	$HC{\equiv}CCOOH$	1.29×10^{-2}	1.89
甘油酸	$HOCH_2CHOHCOOH$	2.29×10^{-4}	3.64
丙酮酸	$CH_3COCOOH$	3.2×10^{-3}	2.49
α-丙氨酸	CH_3CHNH_2COOH	1.35×10^{-10}	9.87
β-丙氨酸	$CH_2NH_2CH_2COOH$	4.4×10^{-11}	10.36
正丁酸	$CH_3(CH_2)_2COOH$	1.52×10^{-5}	4.82
异丁酸	$(CH_3)_2CHCOOH$	1.41×10^{-5}	4.85
3-丁烯酸	$CH_2{=\!=\!}CHCH_2COOH$	2.1×10^{-5}	4.68
异丁烯酸	$CH_2{=\!=\!}C(CH_2)COOH$	2.2×10^{-5}	4.66
反丁烯二酸(富马酸)	$HOCOCH{=\!=\!}CHCOOH$	$9.3 \times 10^{-4}(K_1)$	3.03
		$3.6 \times 10^{-5}(K_2)$	4.44
顺丁烯二酸(马来酸)	$HOCOCH{=\!=\!}CHCOOH$	$1.2 \times 10^{-2}(K_1)$	1.92
		$5.9 \times 10^{-7}(K_2)$	6.23
酒石酸	$HOCOCH(OH)CH(OH)COOH$	$1.04 \times 10^{-3}(K_1)$	2.98
		$4.55 \times 10^{-5}(K_2)$	4.34
正戊酸	$CH_3(CH_2)_3COOH$	1.4×10^{-5}	4.86
异戊酸	$(CH_3)_2CHCH_2COOH$	1.67×10^{-5}	4.78
2-戊烯酸	$CH_3CH_2CH{=\!=\!}CHCOOH$	2.0×10^{-5}	4.7
3-戊烯酸	$CH_3CH{=\!=\!}CHCH_2COOH$	3.0×10^{-5}	4.52
4-戊烯酸	$CH_2{=\!=\!}CHCH_2CH_2COOH$	2.10×10^{-5}	4.677

表 1.2(续)

弱酸(有机酸)名称	化学式	K_a	pK_a
戊二酸	$HOCO(CH_2)_3COOH$	$1.7 \times 10^{-4}(K_1)$	3.77
		$8.3 \times 10^{-7}(K_2)$	6.08
谷氨酸	$HOCOCH_2CH_2CH$ $(NH_2)COOH$	$7.4 \times 10^{-3}(K_1)$	2.13
		$4.9 \times 10^{-5}(K_2)$	4.31
		$4.4 \times 10^{-10}(K_3)$	9.358
正己酸	$CH_3(CH_2)_4COOH$	1.39×10^{-5}	4.86
异己酸	$(CH_3)_2CH(CH_2)_3\text{——}COOH$	1.43×10^{-5}	4.85
(E)-2-己烯酸	$H(CH_2)_3CH\text{==}CHCOOH$	1.8×10^{-5}	4.74
(E)-3-己烯酸	$CH_3CH_2CH\text{==}CHCH_2COOH$	1.9×10^{-5}	4.72
己二酸	$HOCOCH_2CH_2CH_2CH_2COOH$	$3.8 \times 10^{-5}(K_1)$	4.42
		$3.9 \times 10^{-6}(K_2)$	5.41
柠檬酸	$HOCOCH_2C(OH)(COOH)$ CH_2COOH	$7.4 \times 10^{-4}(K_1)$	3.13
		$1.7 \times 10^{-5}(K_2)$	4.76
		$4.0 \times 10^{-7}(K_3)$	6.4
苯酚	C_6H_5OH	1.1×10^{-10}	9.96
邻苯二酚	$(o)C_6H_4(OH)_2$	$3.6 \times 10^{-10}(K_1)$	9.45
		$1.6 \times 10^{-13}(K_2)$	12.8
间苯二酚	$(m)C_6H_4(OH)_2$	$3.6 \times 10^{-10}(K_1)$	9.3
		$8.71 \times 10^{-12}(K_2)$	11.06
对苯二酚	$(p)C_6H_4(OH)_2$	1.1×10^{-10}	9.96
2,4,6-三硝基苯酚	$2,4,6\text{-}(NO_2)_3C_6H_2OH$	5.1×10^{-1}	0.29
葡萄糖酸	$CH_2OH(CHOH)_4COOH$	1.4×10^{-4}	3.86
苯甲酸	C_6H_5COOH	6.3×10^{-5}	4.2
水杨酸	$C_6H_4(OH)COOH$	$1.05 \times 10^{-3}(K_1)$	2.98
		$4.17 \times 10^{-13}(K_2)$	12.38
邻硝基苯甲酸	$(o)NO_2C_6H_4COOH$	6.6×10^{-3}	2.18
间硝基苯甲酸	$(m)NO_2C_6H_4COOH$	3.5×10^{-4}	3.46
对硝基苯甲酸	$(p)NO_2C_6H_4COOH$	3.6×10^{-4}	3.44
邻苯二甲酸	$(o)C_6H_4(COOH)_2$	$1.1 \times 10^{-3}(K_1)$	2.96
		$4.0 \times 10^{-6}(K_2)$	5.4

表 1.2(续)

弱酸(有机酸)名称	化学式	K_a	pK_a
间苯二甲酸	$(m)C_6H_4(COOH)_2$	$2.4\times10^{-4}(K_1)$	3.62
		$2.5\times10^{-5}(K_2)$	4.6
对苯二甲酸	$(p)C_6H_4(COOH)_2$	$2.9\times10^{-4}(K_1)$	3.54
		$3.5\times10^{-5}(K_2)$	4.46
1,3,5-苯三甲酸	$C_6H_3(COOH)_3$	$7.6\times10^{-3}(K_1)$	2.12
		$7.9\times10^{-5}(K_2)$	4.1
		$6.6\times10^{-6}(K_3)$	5.18
苯基六羧酸	$C_6(COOH)_6$	$2.1\times10^{-1}(K_1)$	0.68
		$6.2\times10^{-3}(K_2)$	2.21
		$3.0\times10^{-4}(K_3)$	3.52
		$8.1\times10^{-6}(K_4)$	5.09
		$4.8\times10^{-7}(K_5)$	6.32
		$3.2\times10^{-8}(K_6)$	7.49
癸二酸	$HOOC(CH_2)_8COOH$	$2.6\times10^{-5}(K_1)$	4.59
		$2.6\times10^{-6}(K_2)$	5.59
乙二胺四乙酸(EDTA)	$\begin{matrix}CH_2-N(CH_2COOH)_2\\ \vert \\ CH_2-N(CH_2COOH)_2\end{matrix}$	$1.0\times10^{-2}(K_1)$	2
		$2.14\times10^{-3}(K_2)$	2.67
		$6.92\times10^{-7}(K_3)$	6.16
		$5.5\times10^{-11}(K_4)$	10.26

表 1.3 弱碱(无机碱)在水中的解离常数(25℃,$I=0$)

弱碱(无机碱)名称	化学式	K_b	pK_b
氢氧化铝	$Al(OH)_3$	$1.38\times10^{-9}(K_3)$	8.86
氢氧化银	$AgOH$	1.10×10^{-4}	3.96
氢氧化钙	$Ca(OH)_2$	$3.72\times10^{-3}(K_1)$	2.43
		$3.98\times10^{-2}(K_2)$	1.4
氨水	NH_3+H_2O	1.78×10^{-5}	4.75
肼(联氨)	$N_2H_4+H_2O$	$9.55\times10^{-7}(K_1)$	6.02
		$1.26\times10^{-15}(K_2)$	14.9
羟氨	NH_0OH+H_2O	9.12×10^{-9}	8.04

表 1.3(续)

弱碱(无机碱)名称	化学式	K_b	pK_b
氢氧化铅	$Pb(OH)_2$	$9.55 \times 10^{-4}(K_1)$	3.02
		$3.0 \times 10^{-8}(K_2)$	7.52
氢氧化锌	$Zn(OH)_2$	9.55×10^{-4}	3.02

表 1.4　弱碱(有机碱)在水中的解离常数(25℃,$I=0$)

弱碱(有机碱)名称	化学式	K_b	pK_b
甲胺	CH_3NH_2	4.17×10^{-4}	3.38
尿素(脲)	$CO(NH_2)_2$	1.5×10^{-14}	13.82
乙胺	$CH_3CH_2NH_2$	4.27×10^{-4}	3.37
乙醇胺	$H_2N(CH_2)_2OH$	3.16×10^{-5}	4.5
乙二胺	$H_2N(CH_2)_2NH_2$	$8.51 \times 10^{-5}(K_1)$	4.07
		$7.08 \times 10^{-8}(K_2)$	7.15
二甲胺	$(CH_3)_2NH$	5.89×10^{-4}	3.23
三甲胺	$(CH_3)_3N$	6.31×10^{-5}	4.2
三乙胺	$(C_2H_5)_3N$	5.25×10^{-4}	3.28
丙胺	$C_3H_7NH_2$	3.70×10^{-4}	3.432
异丙胺	$i-C_3H_7NH_2$	4.37×10^{-4}	3.36
1,3-丙二胺	$NH_2(CH_2)_3NH_2$	$2.95 \times 10^{-4}(K_1)$	3.53
		$3.09 \times 10^{-6}(K_2)$	5.51
1,2-丙二胺	$CH_3CH(NH_2)CH_2NH_2$	$5.25 \times 10^{-5}(K_1)$	4.28
		$4.05 \times 10^{-8}(K_2)$	7.393
三丙胺	$(CH_3CH_2CH_2)_3N$	4.57×10^{-4}	3.34
三乙醇胺	$(HOCH_2CH_2)_3N$	5.75×10^{-7}	6.24
丁胺	$C_4H_9NH_2$	4.37×10^{-4}	3.36
异丁胺	$C_4H_9NH_2$	2.57×10^{-4}	3.59
叔丁胺	$C_4H_9NH_2$	4.84×10^{-4}	3.315
己胺	$H(CH_2)_6NH_2$	4.37×10^{-4}	3.36
辛胺	$H(CH_2)_8NH_2$	4.47×10^{-4}	3.35
苯胺	$C_6H_5NH_2$	3.98×10^{-10}	9.4
苄胺	C_7H_9N	2.24×10^{-5}	4.65
环己胺	$C_6H_{11}NH_2$	4.37×10^{-4}	3.36

表 1.4(续)

弱碱(有机碱)名称	化学式	K_b	pK_b
吡啶	C_5H_5N	1.48×10^{-9}	8.83
六亚甲基四胺	$(CH_2)_6N_4$	1.35×10^{-9}	8.87
2-氯酚	C_6H_5ClO	3.55×10^{-6}	5.45
3-氯酚	C_6H_5ClO	1.26×10^{-5}	4.9
4-氯酚	C_6H_5ClO	2.69×10^{-5}	4.57
邻氨基苯酚	$(o)H_2NC_6H_4OH$	$5.2\times10^{-5}(K_1)$	4.28
		$1.9\times10^{-5}(K_2)$	4.72
间氨基苯酚	$(m)H_2NC_6H_4OH$	$7.4\times10^{-5}(K_1)$	4.13
		$6.8\times10^{-5}(K_2)$	4.17
对氨基苯酚	$(p)H_2NC_6H_4OH$	$2.0\times10^{-4}(K_1)$	3.7
		$3.2\times10^{-6}(K_2)$	5.5
邻甲苯胺	$(o)CH_3C_6H_4NH_2$	2.82×10^{-10}	9.55
间甲苯胺	$(m)CH_3C_6H_4NH_2$	5.13×10^{-10}	9.29
对甲苯胺	$(p)CH_3C_6H_4NH_2$	1.20×10^{-9}	8.92
8-羟基喹啉(20℃)	$8-HO{\longrightarrow}C_9H_6N$	6.5×10^{-5}	4.19
二苯胺	$(C_6H_5)_2NH$	7.94×10^{-14}	13.1
联苯胺	$H_2NC_6H_4C_6H_4NH_2$	$5.01\times10^{-10}(K_1)$	9.3
		$4.27\times10^{-11}(K_2)$	10.37

附录二　络合物的稳定常数

表 2.1　金属-无机配位体络合物的稳定常数

（表中除特别说明外均是在 25℃下，离子强度 $I=0$；表中 β_n 表示累积稳定常数）

配位体	金属离子	配位体数目 n	$\lg\beta_n$
NH₃	Ag^+	1,2	3.24,7.05
	Cd^{2+}	1,2,3,4,5,6	2.65,4.75,6.19,7.12,6.80,5.14
	Co^{2+}	1,2,3,4,5,6	2.11,3.74,4.79,5.55,5.73,5.11
	Co^{3+}	1,2,3,4,5,6	6.7,14.0,20.1,25.7,30.8,35.2
	Cu^+	1,2	5.93,10.86
	Cu^{2+}	1,2,3,4,5	4.31,7.98,11.02,13.32,12.86
	Fe^{2+}	1,2	1.4,2.2
	Ni^{2+}	1,2,3,4,5,6	2.80,5.04,6.77,7.96,8.71,8.74
	Pd^{2+}	1,2,3,4	9.6,18.5,26.0,32.8
	Zn^{2+}	1,2,3,4	2.37,4.81,7.31,9.46
Br⁻	Ag^+	1,2,3,4	4.38,7.33,8.00,8.73
	Bi^{3+}	1,2,3,4,5,6	2.37,4.20,5.90,7.30,8.20,8.30
	Cd^{2+}	1,2,3,4	1.75,2.34,3.32,3.70
	Cu^+	2	5.89
	Cu^{2+}	1	0.30
	Hg^{2+}	1,2,3,4	9.05,17.32,19.74,21.00
Cl⁻	Ag^+	1,2,4	3.04,5.04,5.30
	Cu^+	2,3	5.5,5.7
	Cu^{2+}	1,2	0.1,−0.6
	Fe^{2+}	1	1.17
	Fe^{3+}	2	9.8
	Hg^{2+}	1,2,3,4	6.74,13.22,14.07,15.07
	Sb^{3+}	1,2,3,4	2.26,3.49,4.18,4.72
	Sn^{2+}	1,2,3,4	1.51,2.24,2.03,1.48
CN⁻	Ag^+	2,3,4	21.1,21.7,20.6
	Cd^{2+}	1,2,3,4	5.48,10.60,15.23,18.78
	Cu^+	2,3,4	24.0,28.59,30.30
	Fe^{2+}	6	35.0

表 2.1(续)

配位体	金属离子	配位体数目 n	$\lg\beta_n$
CN$^-$	Fe^{3+}	6	42.0
	Hg^{2+}	4	41.4
	Ni^{2+}	4	31.3
	Zn^{2+}	1,2,3,4	5.3,11.70,16.70,21.60
F$^-$	Al^{3+}	1,2,3,4,5,6	6.11,11.12,15.00,18.00,19.40,19.80
	Fe^{2+}	1	0.8
	Fe^{3+}	1,2,3,5	5.28,9.30,12.06,15.77
	Hg^{2+}	1	1.03
	Mg^{2+}	1	1.30
	Mn^{2+}	1	5.48
	Ni^{2+}	1	0.50
	Th^{4+}	1,2,3,4	8.44,15.08,19.80,23.20
	TiO$_2^{2+}$	1,2,3,4	5.4,9.8,13.7,18.0
	Zn^{2+}	1	0.78
	Zr^{4+}	1,2,3,4,5,6	9.4,17.2,23.7,29.5,33.5,38.3
I$^-$	Ag$^+$	1,2,3	6.58,11.74,13.68
	Bi^{3+}	1,4,5,6	3.63,14.95,16.80,18.80
	Cd^{2+}	1,2,3,4	2.10,3.43,4.49,5.41
	Hg^{2+}	1,2,3,4	12.87,23.82,27.60,29.83
	Pb^{2+}	1,2,3,4	2.00,3.15,3.92,4.47
OH$^-$	Ag$^+$	1,2	2.0,3.99
	Al^{3+}	1,4	9.27,33.03
	As^{3+}	1,2,3,4	14.33,18.73,20.60,21.20
	Bi^{3+}	1,2,4	12.7,15.8,35.2
	Ca^{2+}	1	1.3
	Cd^{2+}	1,2,3,4	4.17,8.33,9.02,8.62
	Ce^{3+}	1	4.6
	Ce^{4+}	1,2	13.28,26.46
	Co^{2+}	1,2,3,4	4.3,8.4,9.7,10.2
	Cr^{3+}	1,2,4	10.1,17.8,29.9
	Cu^{2+}	1,2,3,4	7.0,13.68,17.00,18.5

表 2.1(续)

配位体	金属离子	配位体数目 n	$\lg\beta_n$
OH⁻	Fe^{2+}	1,2,3,4	5.56,9.77,9.67,8.58
	Fe^{3+}	1,2,3	11.87,21.17,29.67
	Hg^{2+}	1,2,3	10.6,21.8,20.9
	In^{3+}	1,2,3,4	10.0,20.2,29.6,38.9
	Mg^{2+}	1	2.58
	Mn^{2+}	1,3	3.9,8.3
	Ni^{2+}	1,2,3	4.97,8.55,11.33
	Pa^{4+}	1,2,3,4	14.04,27.84,40.7,51.4
	Pb^{2+}	1,2,3	7.82,10.85,14.58
	Pd^{2+}	1,2	13.0,25.8
	Sb^{3+}	2,3,4	24.3,36.7,38.3
	Sn^{2+}	1	10.4
	Th^{3+}	1,2	12.86,25.37
	Ti^{3+}	1	12.71
	Zn^{2+}	1,2,3,4	4.40,11.30,14.14,17.66
	Zr^{4+}	1,2,3,4	14.3,28.3,41.9,55.3
NO₃⁻	Ba^{2+}	1	0.92
	Bi^{3+}	1	1.26
	Ca^{2+}	1	0.28
	Cd^{2+}	1	0.40
	Fe^{3+}	1	1.0
	Hg^{2+}	1	0.35
	Pb^{2+}	1	1.18
	Tl^{+}	1	0.33
	Tl^{3+}	1	0.92
$P_2O_7^{4-}$	Ba^{2+}	1	4.6
	Ca^{2+}	1	4.6
	Cd^{3+}	1	5.6
	Co^{2+}	1	6.1
	Cu^{2+}	1,2	6.7,9.0
	Hg^{2+}	2	12.38

表 2.1(续)

配位体	金属离子	配位体数目 n	$\lg\beta_n$
$P_2O_7^{4-}$	Mg^{2+}	1	5.7
	Ni^{2+}	1,2	5.8,7.4
	Pb^{2+}	1,2	7.3,10.15
	Zn^{2+}	1,2	8.7,11.0
SCN^-	Ag^+	1,2,3,4	4.6,7.57,9.08,10.08
	Cu^+	1,2	12.11,5.18
	Cu^{2+}	1,2	1.90,3.00
	Fe^{3+}	1,2,3,4,5,6	2.21,3.64,5.00,6.30,6.20,6.10
	Hg^{2+}	1,2,3,4	9.08,16.86,19.70,21.70
	Zn^{2+}	1,2,3,4	1.33,1.91,2.00,1.60
$S_2O_3^{2-}$	Ag^+	1,2	8.82,13.46
	Cd^{2+}	1,2	3.92,6.44
	Cu^+	1,2,3	10.27,12.22,13.84
	Fe^{3+}	1	2.10
	Hg^{2+}	2,3,4	29.44,31.90,33.24
	Pb^{2+}	2,3	5.13,6.35
SO_4^{2-}	Ag^+	1	1.3
	Ba^{2+}	1	2.7
	Bi^{3+}	1,2,3,4,5	1.98,3.41,4.08,4.34,4.60
	Fe^{3+}	1,2	4.04,5.38
	Hg^{2+}	1,2	1.34,2.40

表 2.2 金属-有机配位体配合物的稳定常数

(表中离子强度都是在有限的范围内，$I\approx0$；β_n表示累积稳定常数。)

配位体	金属离子	配位体数目 n	$\lg\beta_n$
乙二胺四乙酸 (EDTA) $[(HOOCCH_2)_2NCH_2]_2$	Ag^+	1	7.32
	Al^{3+}	1	16.11
	Ca^{2+}	1	11.0
	Cd^{2+}	1	16.4
	Co^{2+}	1	16.31
	Co^{3+}	1	36.0
	Cr^{3+}	1	23.0

表 2.2(续)

配位体	金属离子	配位体数目 n	$\lg\beta_n$
乙二胺四乙酸 (EDTA) $[(HOOCCH_2)_2NCH_2]_2$	Cu^{2+}	1	18.7
	Fe^{2+}	1	14.83
	Fe^{3+}	1	24.23
	Mg^{2+}	1	8.64
	Mn^{2+}	1	13.8
	Na^+	1	1.66
	VO^{2+}	1	18.0
	Y^{3+}	1	18.32
	Zn^{2+}	1	16.4
	Zr^{4+}	1	19.4
乙酸 CH_3COOH	Ag^+	1,2	0.73,0.64
	Ba^{2+}	1	0.41
	Ca^{2+}	1	0.6
	Cd^{2+}	1,2,3	1.5,2.3,2.4
	Ce^{3+}	1,2,3,4	1.68,2.69,3.13,3.18
	Co^{2+}	1,2	1.5,1.9
	Cr^{3+}	1,2,3	4.63,7.08,9.60
	$Cu^{2+}(20℃)$	1,2	2.16,3.20
	In^{3+}	1,2,3,4	3.50,5.95,7.90,9.08
	Mn^{2+}	1,2	9.84,2.06
	Ni^{2+}	1,2	1.12,1.81
	Pb^{2+}	1,2,3,4	2.52,4.0,6.4,8.5
	Zn^{2+}	1	1.5
乙酰丙酮 $CH_3COCH_2CH_3$	$Al^{3+}(30℃)$	1,2,3	8.6,15.5,21.3
	Cd^{2+}	1,2	3.84,6.66
	Cu^{2+}	1,2	8.27,16.34
	Fe^{2+}	1,2	5.07,8.67
	Fe^{3+}	1,2,3	11.4,22.1,26.7
	Hg^{2+}	2	21.5
草酸 $HOOCCOOH$	Ag^+	1	2.41
	Al^{3+}	1,2,3	7.26,13.0,16.3

表 2.2(续)

配位体	金属离子	配位体数目 n	$\lg\beta_n$
草酸 HOOCCOOH	Ba^{2+}	1	2.31
	Ca^{2+}	1	3.0
	Cd^{2+}	1,2	3.52,5.77
	Co^{2+}	1,2,3	4.79,6.7,9.7
	Cu^{2+}	1,2	6.23,10.27
	Fe^{2+}	1,2,3	2.9,4.52,5.22
	Fe^{3+}	1,2,3	9.4,16.2,20.2
	Hg^{2+}	1	9.66
	Hg_2^{2+}	2	6.98
	Mg^{2+}	1,2	3.43,4.38
	Mn^{2+}	1,2	3.97,5.80
	Mn^{3+}	1,2,3	9.98,16.57,19.42
	Th^{4+}	4	24.48
	Zn^{2+}	1,2,3	4.89,7.60,8.15
乳酸 $CH_3CHOHCOOH$	Ba^{2+}	1	0.64
	Ca^{2+}	1	1.42
	Cd^{2+}	1	1.70
	Co^{2+}	1	1.90
	Cu^{2+}	1,2	3.02,4.85
	Fe^{3+}	1	7.1
	Mg^{2+}	1	1.37
	Mn^{2+}	1	1.43
	Ni^{2+}	1	2.22
	Pb^{2+}	1,2	2.40,3.80
	Th^{4+}	1	5.5
	Zn^{2+}	1,2	2.20,3.75
磺基水杨酸 $HO_3SC_6H_3(OH)COOH$	Al^{3+}	1,2,3	13.20,22.83,28.89
	Cd^{2+}	1,2	16.68,29.08
	Co^{2+}	1,2	6.13,9.82
	Cr^{3+}	1	9.56
	Cu^{2+}	1,2	9.52,16.45

表 2.2(续)

配位体	金属离子	配位体数目 n	$\lg\beta_n$
磺基水杨酸 $HO_3SC_6H_3(OH)COOH$	Fe^{2+}	1,2	5.9,9.9
	Fe^{3+}	1,2,3	14.64,25.18,32.12
	Mn^{2+}	1,2	5.24,8.24
	Ni^{2+}	1,2	6.42,10.24
	Zn^{2+}	1,2	6.05,10.65
酒石酸 $(HOOCCHOH)_2$	Ba^{2+}	2	1.62
	Bi^{3+}	3	8.30
	Ca^{2+}	1,2	2.98,9.01
	Cd^{2+}	1	2.8
	Co^{2+}	1	2.1
	Cu^{2+}	1,2,3,4	3.2,5.11,4.78,6.51
	Fe^{3+}	1	7.49
	Hg^{2+}	1	7.0
	Mg^{2+}	2	1.36
	Mn^{2+}	1	2.49
	Ni^{2+}	1	2.06
	Pb^{2+}	1,3	3.78,4.7
	Sn^{2+}	1	5.2
	Zn^{2+}	1,2	2.68,8.32
硫脲 $H_2NC(=S)NH_2$	Ag^+	1,2	7.4,13.1
	Bi^{3+}	6	11.9
	Cd^{2+}	1,2,3,4	0.6,1.6,2.6,4.6
	Cu^+	3,4	13.0,15.4
	Hg^{2+}	2,3,4	22.1,24.7,26.8
	Pb^{2+}	1,2,3,4	1.4,3.1,4.7,8.3
乙二胺 $H_2NCH_2CH_2NH_2$	Ag^+	1,2	4.70,7.70
	$Cd^{2+}(20℃)$	1,2,3	5.47,10.09,12.09
	Co^{2+}	1,2,3	5.91,10.64,13.94
	Co^{3+}	1,2,3	18.7,34.9,48.69
	Cr^{2+}	1,2	5.15,9.19
	Cu^+	2	10.8

表 2.2(续)

配位体	金属离子	配位体数目 n	$\lg\beta_n$
乙二胺 $H_2NCH_2CH_2NH_2$	Cu^{2+}	1,2,3	10.67,20.0,21.0
	Fe^{2+}	1,2,3	4.34,7.65,9.70
	Hg^{2+}	1,2	14.3,23.3
	Mg^{2+}	1	0.37
	Mn^{2+}	1,2,3	2.73,4.79,5.67
	Ni^{2+}	1,2,3	7.52,13.84,18.33
	Pd^{2+}	2	26.90
	V^{2+}	1,2	4.6,7.5
	Zn^{2+}	1,2,3	5.77,10.83,14.11
吡啶 C_5H_5N	Ag^+	1,2	1.97,4.35
	Cd^{2+}	1,2,3,4	1.40,1.95,2.27,2.50
	Co^{2+}	1,2	1.14,1.54
	Cu^{2+}	1,2,3,4	2.59,4.33,5.93,6.54
	Fe^{2+}	1	0.71
	Hg^{2+}	1,2,3	5.1,10.0,10.4
	Mn^{2+}	1,2,3,4	1.92,2.77,3.37,3.50
	Zn^{2+}	1,2,3,4	1.41,1.11,1.61,1.93
甘氨酸 H_2NCH_2COOH	Ag^+	1,2	3.41,6.89
	Ba^{2+}	1	0.77
	Ca^{2+}	1	1.38
	Cd^{2+}	1,2	4.74,8.60
	Co^{2+}	1,2,3	5.23,9.25,10.76
	Cu^{2+}	1,2,3	8.60,15.54,16.27
	$Fe^{2+}(20℃)$	1,2	4.3,7.8
	Hg^{2+}	1,2	10.3,19.2
	Mg^{2+}	1,2	3.44,6.46
	Mn^{2+}	1,2	3.6,6.6
	Ni^{2+}	1,2,3	6.18,11.14,15.0
	Pb^{2+}	1,2	5.47,8.92
	Pd^{2+}	1,2	9.12,17.55
	Zn^{2+}	1,2	5.52,9.96

附录三　常用掩蔽剂

名称	掩蔽剂
Ag^+	CN^-,Cl^-,Br^-,I^-,SCN^-,$S_2O_3^{2-}$,NH_3
Al^{3+}	EDTA,F^-,OH^-,柠檬酸,酒石酸,草酸,乙酰丙酮,丙二酸
As^{3+}	S^{2-},二巯基丙醇,二巯基丙磺酸钠
Au^+	Cl^-,Br^-,I^-,CN^-,SCN^-,$S_2O_3^{2-}$,NH_3
Ba^{2+}	F^-,SO_4^{2-},EDTA
Be^{2+}	F^-,EDTA,乙酰丙酮
Bi^{3+}	F^-,Cl^-,I^-,SCN^-,$S_2O_3^{2-}$,二巯基丙醇,柠檬酸
Ca^{2+}	F^-,EDTA,草酸盐
Cd^{2+}	I^-,CN^-,SCN^-,$S_2O_3^{2-}$,二巯基丙醇,二巯基丙磺酸钠
Ce^{3+}	F^-,EDTA,PO_4^{3-}
Co^{2+}	CN^-,SCN^-,$S_2O_3^{2-}$,二巯基丙醇,酒石酸
Cr^{3+}	EDTA,H_2O_2,$P_2O_7^{4-}$,三乙醇胺
Cu^{2+}	I^-,CN^-,SCN^-,$S_2O_3^{2-}$,二巯基丙醇,二巯基丙磺酸钠,半胱氨酸,氨基乙酸
Fe^{3+}	F^-,CN^-,$P_2O_7^{4-}$,三乙醇胺,乙酰丙酮,柠檬酸,酒石酸,草酸,盐酸羟胺
Ga^{3+}	Cl^-,EDTA,柠檬酸,酒石酸,草酸
Ge^{4+}	F^-,酒石酸,草酸
Hg^{2+}	I^-,CN^-,SCN^-,$S_2O_3^{2-}$,二巯基丙醇,二巯基丙磺酸钠,半胱氨酸
In^{3+}	F^-,Cl^-,SCN^-,EDTA,巯基乙酸
La^{3+}	F^-,EDTA,苹果酸
Mg^{2+}	F^-,OH^-,乙酰丙酮,柠檬酸,酒石酸,草酸
Mn^{3+}	CN^-,F^-,二巯基丙醇
Mo(Ⅴ,Ⅵ)	柠檬酸,酒石酸,草酸
Nd^{3+}	EDTA,苹果酸
NH_4^+	HCHO
Ni^{2+}	F^-,CN^-,SCN^-,二巯基丙醇,氨基乙酸,柠檬酸,酒石酸
Np^{4+}	F^-
Pb^{2+}	Cl^-,I^-,SO_4^{2-},$S_2O_3^{2-}$,OH^-,二巯基丙醇,巯基乙酸,二巯基丙磺酸钠
Pd^{2+}	CN^-,SCN^-,I^-,$S_2O_3^{2-}$,乙酰丙酮
Pt^{2+}	CN^-,SCN^-,I^-,$S_2O_3^{2-}$,乙酰丙酮,三乙醇胺

续表

名称	掩蔽剂
Sb^{3+}	F^-,Cl^-,I^-,$S_2O_3^{2-}$,OH^-,柠檬酸,酒石酸,二巯基丙醇,二巯基丙磺酸钠
Sc^{3+}	F^-
Sn^{2+}	F^-,柠檬酸,酒石酸,草酸,三乙醇胺,二巯基丙醇,二巯基丙磺酸钠
Th^{4+}	F^-,SO_4^{2-},柠檬酸
Ti^{3+}	F^-,PO_4^{3-},三乙醇胺,柠檬酸,苹果酸
$Tl(I,III)$	CN^-,半胱氨酸
U^{4+}	PO_4^{3-},柠檬酸,乙酰丙酮
$V(II,III)$	CN^-,EDTA,三乙醇胺,草酸,乙酰丙酮
$W(VI)$	EDTA,PO_4^{3-},柠檬酸
Y^{3+}	F^-,环己二胺四乙酸
Zn^{2+}	CN^-,SCN^-,EDTA,二巯基丙醇,二巯基丙磺酸钠,巯基乙酸
Zr^{4+}	CO_3^{2-},F^-,PO_4^{3-},柠檬酸,酒石酸,草酸
Br^-	Ag^+,Hg^{2+}
BrO_3^-	SO_3^{2-},$S_2O_3^{2-}$
$Cr_2O_7^{2-}$,CrO_4^{2-}	SO_3^{2-},$S_2O_3^{2-}$,盐酸羟胺
Cl^-	Hg^{2+},Sb^{3+}
ClO^-	NH_3
ClO_3^-	$S_2O_3^{2-}$
ClO_4^-	SO_3^{2-},盐酸羟胺
CN^-	Hg^{2+},HCHO
EDTA	Cu^{2+}
F^-	H_3BO_3,Al^{3+},Fe^{3+}
H_2O_2	Fe^{3+}
I^-	Hg^{2+},Ag^+
I_2	$S_2O_3^{2-}$
IO_3^-	SO_3^{2-},$S_2O_3^{2-}$,N_2H_4
MnO_4^-	SO_3^{2-},$S_2O_3^{2-}$,N_2H_4,盐酸羟胺
NO_2^-	Co^{2+},对氨基苯磺酸
$C_2O_4^{2-}$	Ca^{2+},MnO_4^-
PO_4^{3-}	Al^{3+},Fe^{3+}
S^{2-}	$MnO_4^-+H^+$

续表

名称	掩蔽剂
SO_3^{2-}	$MnO_4^- + H^+$,Hg^{2+},$HCHO$
SO_4^{2-}	Ba^{2+}
WO_4^{2-}	柠檬酸盐,酒石酸盐
VO_3^-	酒石酸盐

附录四 世界卫生组织《饮用水水质标准》(第四版)(2017)

表 4.1 用于饮用水的微生物质量验证准则值

有机体类		指标值
各类直接饮用水	大肠杆菌或耐热大肠菌	在任意 100mL 水样中不得检出
进入供水系统的已处理的水	大肠杆菌或耐热大肠菌	在任意 100mL 水样中不得检出
	总大肠菌群	在任意 100mL 水样中不得检出
供水系统中已处理的水	大肠杆菌或耐热大肠菌	在任意 100mL 水样中不得检出
	总大肠菌群	在任意 100mL 水样中不得检出。对于供水量大的情况,应检测足够多次水样,在任意 12 个月中 95% 水样应合格

注:(1)如果检出埃希氏大肠杆菌,应立即进行调查。

(2)虽然埃希氏大肠杆菌是一种指示类便污染的较准确的指示菌,但耐热大肠菌群计数是一种比较理想的替代方法,必要时应进行适当的确证试验。大肠菌群总数不适宜作为供水卫生质量的指标,特别是在热带地区,几乎所有未经处理的供水中均存在大量无卫生学意义的细菌。

(3)在大多数农村地区,特别是在发展中国家的农村,供水被粪便污染的现象非常普遍,在这种情况下,应该设定渐进性提高供水质量的中期目标。

表 4.2 饮用水中有健康意义的化合物准则值——无机组分

项目	指标值/(mg/L)	备注
锑	0.02	/
砷	0.01(p)	含量超过 6×10^{-4} 将有致癌的危险
钡	1.3	/
硼	2.4	/
镉	0.003	/
铬	0.05(p)	/
铜	2	/
氰	0.07	/
钠	50	/
氟	1.5	当制定国家标准时,应考虑气候条件、用水总量以及其他水源的引入
铅	0.01	众所周知,并非所有的给水都能立即满足指标值的要求,所有其他用以减少水暴露于铅污染下的推荐措施都应采用
氯	5(C)	/
锰	0.1(C)	/

表 4.2(续)

项目	指标值/(mg/L)	备注
汞(总)	0.006	/
钼	0.02	/
镍	0.07	/
NO_3^-	50	短期暴露
NO_2^-	3	
硒	0.04	/
铀	0.03	只涉及铀的化学性质

注:(p)——暂定准则值。已证明对健康有害,但资料有限。

(C)——该物质浓度相当或低于基于健康意义的准则值时已能使水的外观、味道或气味改变,引起消费者抱怨。

表 4.3 饮用水中有健康意义的化合物准则值——有机组分

分类	项目	指标值/(μg/L)	备注
氯化烷烃类	四氯化碳	4	/
	二氯甲烷	20	/
	1,1,1-三氯乙烷	2000(p)	/
	1,2-二氯乙烷	30[b]	过量致险值为 10^{-5}
氯乙烯类	氯乙烯	0.3[b]	过量致险值为 10^{-5}
	1,1-二氯乙烯	140	/
	1,2-二氯乙烯	50	/
	三氯乙烯	20(p)	/
	四氯乙烯	40	/
芳香烃族	苯	10[b]	/
	乙苯	300(C)	/
	甲苯	700(C)	/
	二甲苯族	500(C)	/
	苯乙烯	20(C)	/
	苯并[a]芘	0.7[b]	过量致险值为 10^{-5}
氯苯类	一氯苯	300	/
	1,2-二氯苯	1000(C)	/
	1,4-二氯苯	300(C)	/
	三氯苯(总)	20	/

表 4.3(续)

分类	项目	指标值/(μg/L)	备注
其他类	二-(2-乙基己基)邻苯二甲酸酯	8	/
	丙烯酰胺	0.5[b]	过量致险值为 10^{-5}
	环氧氯丙烷	0.4(p)	/
	六氯丁二烯	0.6	/
	乙二胺四乙酸(EDTA)	600	/
	次氮基三乙酸	200	/
	1,4-二恶烷	50[b]	/
	溴仿	0.1	/

注:(p)——暂定准则值。已证明对健康有害,但资料有限。

(C)——该物质浓度相当或低于基于健康意义的准则值时已能使水的外观、味道或气味改变,引起消费者抱怨。

[b]——考虑作为致癌物,其准则值是指在一般寿命的上限值期间发生癌症危险为 10^{-5} 时饮水中致癌物(每 100 000 人口饮用准则值浓度的水在 70 年间增加 1 例癌症)的浓度。危险度为 10^{-4} 或 10^{-6} 时的浓度值可通过将该准则值乘以 10 或除以 10 计算获得。

表 4.4 饮用水中有健康意义的化合物准则值——农药

指标	指标值/(μg/L)	指标	指标值/(μg/L)
草不绿	20[b]	异丙隆	9
涕灭威	10	林丹	2
艾氏剂/狄氏剂	0.03	2-甲-4-氯苯氧基乙酸(MCPA)	2
莠去津	2	甲氧氯	20
呋喃丹	7	草达灭	6
氯丹	0.2	二甲戊乐灵	20
绿麦隆	30	五氯酚	9[b]
DDT	1	西玛三嗪	2
1,2-二溴-3-氯丙烷	1[b]	氟乐灵	20
2,4-D	30	2,4-DB	90
1,2-二氯丙烷	40(p)	2,4,5-涕丙酸	9
1,3-二氯丙烷	20[b]	2-甲基-4-氯丙酸	10
1,3-二氯丙烯	20[b]	2,4,5-T	9

注:(p)——暂定准则值。已证明对健康有害,但资料有限。

[b]——考虑作为致癌物,其准则值是指在一般寿命的上限值期间发生癌症危险为 10^{-5} 时饮水中致癌物(每 100 000 人口饮用准则值浓度的水在 70 年间增加 1 例癌症)的浓度。危险度为 10^{-4} 或 10^{-6} 时的浓度值可通过将该准则值乘以 10 或除以 10 计算获得。

附录五　《地下水质量标准》(GB/T 14848—2017)

指标名称	Ⅰ类	Ⅱ类	Ⅲ类	Ⅳ类	Ⅴ类
色(度)	≤5	≤5	≤15	≤25	>25
嗅和味	无	无	无	无	有
浑浊度(度)	≤3	≤3	≤3	≤10	>10
肉眼可见物	无	无	无	无	有
pH 值	6.5≤pH≤8.5			5.5≤pH≤6.5，8.5≤pH≤9.0	pH<5.5 或 pH>9
总硬度(以 CaCO₃ 计)/(mg/L)	≤150	≤300	≤450	≤650	>650
溶解性总固体/(mg/L)	≤300	≤500	≤1000	≤2000	>2000
硫酸盐(mg/L)	≤50	≤150	≤250	≤350	>350
氯化物/(mg/L)	≤50	≤150	≤250	≤350	>350
铁/(mg/L)	≤0.1	≤0.2	≤0.3	≤2.0	>2.0
锰/(mg/L)	≤0.05	≤0.05	≤0.10	≤1.50	>1.50
铜/(mg/L)	≤0.01	≤0.05	≤1.00	≤1.50	>1.50
锌/(mg/L)	≤0.05	≤0.5	≤1.00	≤5.00	>5.00
铝/(mg/L)	≤0.01	≤0.05	≤0.20	≤0.50	>0.50
挥发性酚类(以苯酚计)/(mg/L)	≤0.001	≤0.001	≤0.002	≤0.01	>0.01
阴离子表面活性剂/(mg/L)	不得检出	≤0.1	≤0.3	≤0.3	>0.3
耗氧量(COD 法,以 O₂ 计)/(mg/L)	≤1.0	≤2.0	≤3.0	≤10.0	>10.0
硝酸盐(以 N 计)/(mg/L)	≤2.0	≤5.0	≤20.0	≤30.0	>30.0
亚硝酸盐(以 N 计)/(mg/L)	≤0.01	≤0.10	≤1.00	≤4.80	>4.80
氨氮(以 N 计)/(mg/L)	≤0.02	≤0.10	≤0.50	≤1.50	>1.50
硫化物/(mg/L)	≤0.005	≤0.01	≤0.02	≤0.10	>0.10
钠/(mg/L)	≤100	≤150	≤200	≤400	>400
总大肠菌群/(MPN/100mL)	≤3.0	≤3.0	≤3.0	≤100	>100
细菌总数/(CFU/mL)	≤100	≤100	≤100	≤1000	>1000
氰化物/(mg/L)	≤0.001	≤0.01	≤0.05	≤0.1	>0.1
碘化物/(mg/L)	≤0.04	≤0.04	≤0.08	≤0.50	>0.50
氟化物/(mg/L)	≤1.0	≤1.0	≤1.0	≤2.0	>2.0
汞(Hg)/(mg/L)	≤0.0001	≤0.0001	≤0.001	≤0.002	>0.002

（续）

指标名称	Ⅰ类	Ⅱ类	Ⅲ类	Ⅳ类	Ⅴ类
砷/(mg/L)	≤0.001	≤0.001	≤0.01	≤0.05	>0.05
硒/(mg/L)	≤0.01	≤0.01	≤0.01	≤0.1	>0.1
镉/(mg/L)	≤0.0001	≤0.001	≤0.005	≤0.01	>0.01
铬(六价)/(mg/L)	≤0.005	≤0.01	≤0.05	≤0.10	>0.10
铅/(mg/L)	≤0.005	≤0.005	≤0.01	≤0.10	>0.10
三氯甲烷/(μg/L)	≤0.5	≤6.0	≤60	≤300	>300
四氯甲烷/(μg/L)	≤0.5	≤0.5	≤2.0	≤50.0	>50.0
苯/(μg/L)	≤0.5	≤1.0	≤10.0	≤120	>120
甲苯/(μg/L)	≤0.5	≤140	≤700	≤1400	>1400
总α放射性/(Bq/L)	≤0.1	≤0.1	≤0.5	>0.5	>0.5
总β放射性/(Bq/L)	≤0.1	≤1.0	≤1.0	>1.0	>1.0

注：Ⅰ类主要反映地下水化学组分的天然低背景含量。适用于各种用途。

Ⅱ类主要反映地下水化学组分的天然背景含量。适用于各种用途。

Ⅲ类以人体健康基准值为依据。主要适用于集中式生活饮用水及工、农业用水。

Ⅳ类以农业和工业用水要求为依据。除适用于农业和部分工业用水外,适当处理后可作生活饮用水。

Ⅴ类不宜饮用,其他用水可根据使用目的选用。